人体　失敗の進化史

遠藤秀紀

光文社新書

まえがき

歴史を知ろうとするとき、私たちは、昔のことを少しでも正確に伝えてくれる証拠を探すことになる。古文書を分析したり、史跡を訪ねたり、遺跡を掘ったり、出土物を吟味したりという仕事が、歴史を研究する仕事の基本中の基本だ。もちろんそうした仕事には、基礎知識や論理性のほかに、根気も体力も時間も必要となる。たとえば、一つの遺跡を研究するのに、学者一人の一生を費やしても、まだ時間が足りない場合はごく普通だろう。そんな面倒で煩雑な作業を、なぜ歴史学は繰り返すのだろうか。

その答えは、歴史上の時間は、もう一度目の前に再現してみることができないからだ。もし、歴史の時間をもう一度実験室で繰り返すことができるなら、過去の出来事は誰の目にも見える形で客観的に描かれることになる。いきおい、歴史学は煩雑な証拠探しの積み重ねではなく、エレガントな実験室の科学に変身してくれるものなのだが。

ところが、歴史をもう一度室内で繰り返すことは、もちろん不可能だ。だから、私たちは、地道に昔の文字を解読し、遺跡から過去を知る努力を繰り返す。そうやって証拠探しを地道に積み重ねるのが、歴史研究の王道だろう。労力の要るその取り組みは、しかし、時間という謎の壁を打ち破るために歴史学が手にしている、もっとも有効で、ほとんど唯一の手法なのだ。

さて、私たちの身体も歴史を歩んできたものだ。それも半端ではなくゆったり流れる悠久の時間だ。ヒトの祖先をさかのぼると、早くも五億年くらい前には、いまの私たちに連なる動物が地球上に暮らしていたらしい。直系のご先祖様とはいえ、太古の昔の話。彼らは、偉そうにデスクに座ってコンピューター相手に悪態をつく、読者のあなたや著者の私とは、まだ似ても似つかないような姿の持ち主だ。一見すると、佃煮にされそうなひ弱な雑魚《ざこ》のような生命ですらある。しかし、心臓だの、神経だの、筋肉だの、体の軸だの、身体の部品をよくよく見れば、こんな五億年も前の〝佃煮〟に、すでにヒトに向かう微かな兆候が見え始めている。私たちの歴史は、何億年も前の彼らの身体をもって、地球の歴史にすでに確かな一歩を踏み出しているのだ。

この本では、皆さんといっしょにページを繰りながら、私たちヒトや、そこに連なる動物たちの身体の足跡を知り、歴史を紐解いてみたいと思う。読者にとって、身体を研究するとなると、すぐ思い浮かぶ分野は、医学であったり、生物学であったりすることだろう。それらは往々にして、きれいに整頓された研究室で、白衣の学者がスマートな装置を動かしながら、実験しているという印象になるのかもしれない。

しかし、身体の歴史を実験室で見ていくには、もうひとつの地球を作り、この星の四六億年の時をもう一度繰り返し、そこで何が起こったかを観察しなくてはならない。そんなことが無理なのは、百も承知だ。となれば、歴史学同様、労力の要る証拠探しを繰り返してみるのも、間違ってはいないだろう。

ここで問題は、ヒトの歴史を示す証拠はどこに隠されているのだろうか、ということである。普通の歴史学なら、砂漠を掘って古い墓を発見する。古刹《こさつ》を探って文書を見つけ出す。言語をたどって人間たちの往来を知る。遺跡の土砂から古い漁具を探り出す。などという営みの一つ一つが、過去の謎を解く強力な鍵となるはずだ。だが、身体の歴史はどこを探せば、過去の証しを見せてくれるのだろう。

実をいえば、かくある証拠の在《あ》り処《か》は、他の何物よりも私たちに近いところにある。そう、記録をひた隠しに隠し続けるのは、私たちの身体そのものだ。そしてもうひとつ、私たちの身体に歴史の道筋を提供してくれた数多《あまた》の動物たちの身体こそ、歴史を奥深くに潜ませた、知の宝の山だ。

過去の時間を奥深くそっと忍ばせる、ヒトと動物の身体。進化を実際に経験し続けてきたその声は、何億年という身体の歴史を、確実に伝える言葉を含んでいるに違いない。

ここはひとつ、試しに彼らの声を聞いてみることにしようか。

目次

序　章　主役はあなた自身

私の仕事

いま、タヌキが目の前にある。

古来日本人は、この動物に深い親しみを抱いてきた。ずる賢いキツネやイタチはもろもろの悪役として扱われるが、タヌキがしでかすのは、せいぜいいたずら程度。それも、かなりほほえましい所作となる。短い足と尖った鼻先で木の実を拾い、昆虫を追いかける姿には、懸命に生きる普通の市民の姿が、ダブるようでもある。しかも、この動物、初夏を過ぎれば、家族連れで散歩する姿が、日本中で見られるようになる。交尾さえしてしまえば、父親はどこかへ消えてしまう山の多くの獣たちと異なって、どれが親でどれが子かも分からないような大きさで、五頭ほどの家族が仲睦まじく歩く様は、日本人のこの動物への愛着を育む、温かい光景に映るものだ。

だが、私の目の前のタヌキ（図1）は、けっして果実を探し出すことはない。銀杏を美味しそうにつまむこともなければ、ミミズを掘ることもなく、気まぐれに顔を出すモグラを待ち伏せすることもない。ましてや家族団欒のひとときを、山歩きのレジャー客に見せることなどあり得ない。なぜなら、眼下のタヌキは、すでに息をしていないからだ。

動物の遺体は、夏場なら一日二日もすれば、蛆の山となる。可愛いタヌキももちろん例外ではない。子虫の群れは分厚い毛皮を穿孔《せんこう》し、いつのまにか獣の身体は淡黄色の蛆の波に変貌する。蛆より遅れて現れるのは、細菌たちだ。肉の滓も、内臓の欠片《かけら》も逃すことはない。遺体の組織を信じられない悪臭に変えながら、細菌は亡骸を青白い骨にまで化けさせる。

こうした遺体に接したとき、そこから何を知ることができるかを、そしてそのためにどういう解剖を行わなければならないかを、私は徹底的に考える。正確にいうと、考える暇は、現実にはほとんど残されていない。そんなことをしているうちに、遺体は腐り果ててしまうからだ。

そこで私は、普段から遺体に出会っている自分を脳の中で再現し、もし自分が遺体に出会ったら、どういう研究に取り組むべきかを、こと細かに想起しながら暮らしている。もちろん、死んで目の前に現れる相手の種類も、遺体が出現する設定も、事前には分からない。さまざまな状況を想定しながら、考える頭と解剖する腕に、訓練を課しておくのだ。見つかった遺体がたとえひどく腐っていても、そこから何ができるかを普段から突き詰めておけば、意味不明の腐敗物さながらの遺体にさえ、大事な情報を語らせることができるはずだ。

たとえれば、自分の日々は、消防士のそれによく似たものかもしれない。消防士が人命を救い、火を消さなければならない状況は、事前に決まっているわけではない。だからこそ、どんなに険しい外壁が立ちはだかっても、どんなに激しい火勢が生じていても、けっしてひるまないだけの訓練を、事が起こってしまう以前からプロの消防士は繰り返すのである。

わが遺体解剖も、まったく同じだ。無限に状況設定のある遺体との対面。血まみれの修羅場を思い起こして、何が

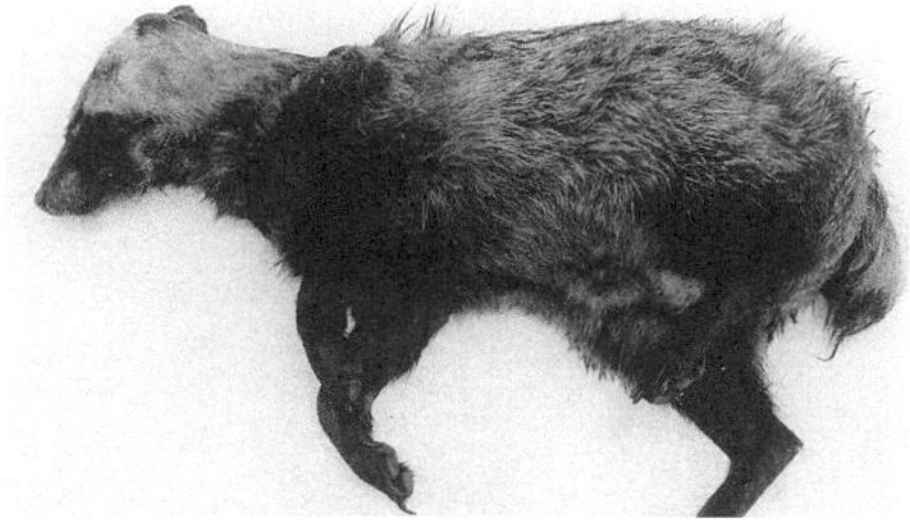

（図１）タヌキの遺体。とある人物によって見つけ出された、幸運な遺体だ。けっして新鮮な状態ではないが、まだ多くのデータに迫ることができる。国立科学博物館専報より転載。

起こっても大丈夫なように、頭脳を鍛え上げておく。それが私の仕事だ。

「遺体を前にした自分を普段から追い詰めておく」

それこそが、遺体解剖に携わる私たちのプロ意識の現れに他ならない。

いま、何をすべきか

主はいま、首をあの憎きハシブトガラスに食されながら（図2）、黄泉《よみ》の国から静かに私を見上げている。

「目の前に死んだタヌキが横たわったら、私は遺体に何をしなくてはならないか」

それはまさにいま（図1、前掲）の状況である。読者の多くは遺体を見たことはほとんどないだろうから、こう尋ねられても困惑するのも止むを得ないだろう。しかし、この世界でちょっと仕事をした人間には、こういう動物の遺体に接した場合、いくつかの決まった作業をしなければならないという道筋が、自然に見えてくるというものだ。

「口を開けて、歯を抜いてみよう」

冗談でも何でもなく、タヌキの遺体を前にした私たちには、自然とそんなアイデアが生じてくる（図3）。タヌキの歯など何の役に立つのかといわれそうだが、それも見る人が見れば、大変な宝物に変わってしまうのだ。

というのも、樹木に年輪が見られるように、かくある主人公の歯の根っこには、それが生きていた年数を示す見事な年輪が刻まれているのだ。

抜歯で飯を喰うプロ、すなわち歯医者さんから虫歯予防の話などを聞くと、ゾウゲ（象

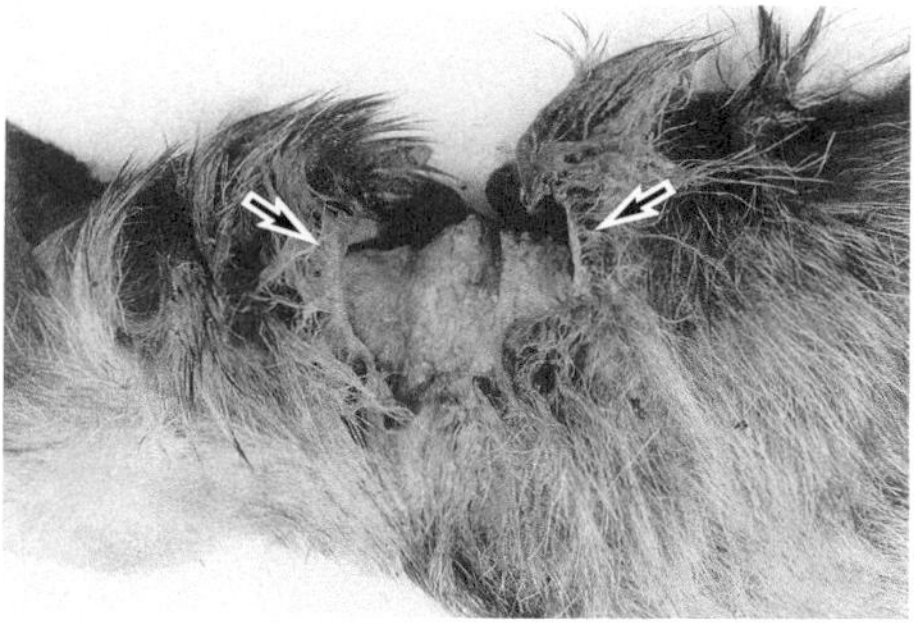

（図２）図１のタヌキの背中。毛皮の中を、カラスに喰い散らかされたようだ（矢印)。国立科学博物館専報より転載。

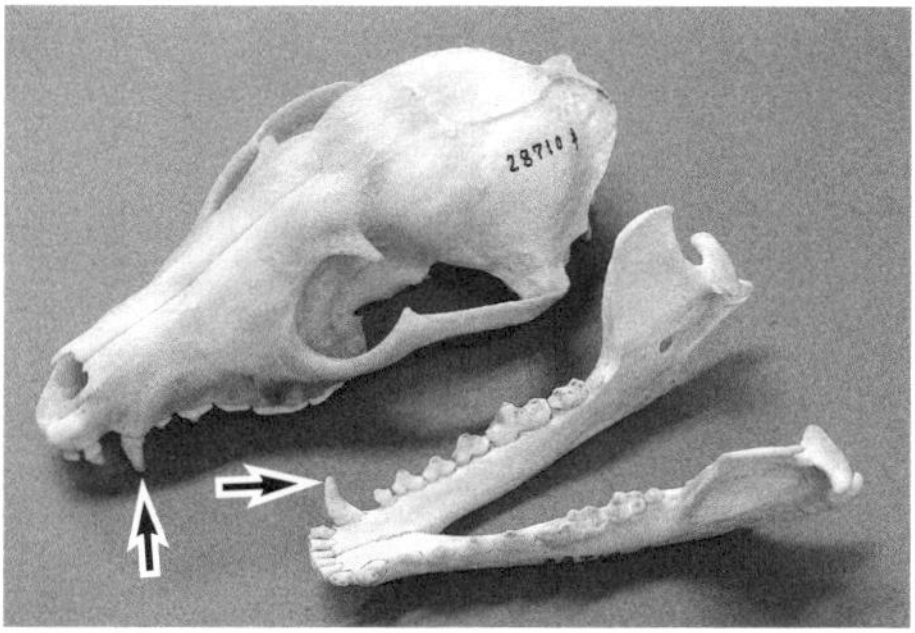

（図３）タヌキの頭の骨。上顎と下顎を外したところ。矢印が犬歯、すなわち牙だ。生え際からの高さが１センチくらい。見慣れた可愛い飼い犬の歯を見るようだが、遺体からこの歯を抜いて、歯の奥の方を観察すれば、死んだタヌキの重要な情報を取り出すことができる（国立科学博物館収蔵標本)。

牙）質とかセメント質という言葉を耳にすることと思う。これらは歯を構成する部位に付けられている専門用語だ。タヌキの場合、生きてさえいれば、このゾウゲ質とかセメント質と呼ばれる部位に、毎年毎年カルシウムを主体とした成分が沈着していくのである。しかも、ちょうど季節の変化に対応して、カルシウムが溜まっていく速度が変化するらしい。餌の多い夏場とひもじい思いをする冬とでは、体内の栄養の配分も歯へのカルシウムの供給量も異なってしまうからだろう。それが、実際に年輪として見えてくるというものなのである。ただし、もちろん、材木の断面に見られるような誰にでも分かる縞々と異なり、タヌキの歯の年輪は、歯を薄く切って染色し、高い倍率の顕微鏡で見て、専門家がやっと見つけ出せるような微小なものだが。かくして、私たちは遺体から歯を抜き取っては、それを特殊なカッターで薄く切り、顕微鏡で透かし見ては、あるかどうか分からない年輪を捜すことになる。

さて、歯を抜くだけで終わっては、このタヌキは成仏しない。遺体からいまできることは他にもある。たとえば胃を開いてみようか。胃袋となると、殺人事件の被害者の司法解剖に似た仕事が待っている。刑事さんが知りたがるのは、〝ガイシャ〟の足取りだろう。さほど時間が経っていなければ、最後に立ち寄った飲食店のメニューの中身が、ちゃんと胃袋から見つかってくるはずだ。消化の進み具合から、遺体となってしまった人物が、最後の晩餐に興じたのが死ぬ何時間前なのかも推定できる。

もっとも、私が胃の内容物から知りたい事実は、このタヌキが死ぬ一時間前にどこをほっつき歩いていたかということではない。一般論として、タヌキなる動物が、遺体発見現場周辺のフィールドで、その季節に何を食べているのかという、この種の食性の基礎データがここから得られてくるかもしれないことを期待して、胃を切り開くのである。

一方、この遺体から単純にＤＮＡを収集することができれば、大体日本のどのあたりから由来したかを推測することができる。そのこと自体にサイエンスとして大きな価値はないだろうが、とりあえずどの地方のタヌキに縁が近いかくらいは、ＤＮＡの解析で知ることができる。そうした分析の第一歩は、遺体から筋肉や肝臓の組織片を切り出して、遺伝子を回収することで始まっていく。

闘いの始まり

カラスが啄《ついば》む死せる塊から、皮を剥ぎ、歯を抜き、胃を眺め、肉を切り……。光景の中心には、死体からあらん限りを拾い上げようとする自分が居座る。お気づきかもしれないが、読者が下人で私が老婆なら、芥川の鬼気迫る設定と、空間配置はそっくりである。しかし、解剖を進める人間が心に抱くのは、動揺や高ぶりではない。私は、ただ真実を突き止めようとする飢え渇く欲求に導かれて、メスを振るうだけだ。現実の研究の場で死と対面する人間が唯一頼るのは、冷静な科学の目なのだ。それはもしかしたら、『羅生門』の死臭の中で悪に堕していく下人の高揚とはまったく対極の、氷よりも冷たい思考と論理かもしれない。

ピンセットを手にとり、皮膚を引くと、張力で皮が容易に裂けていく。今日の主役、眼下のタヌキは、新鮮な遺体とは明らかに違う。死んで数日経てば、皮膚の裏の組織が崩壊し、一見変わらないように見える毛皮でも、強度を失い、ピンセットで引くだけでバラバラに分解してしまうのだ。歯が削れて、胃が切開でき、筋肉が採材できたところで、すでに腐敗との勝負は、私を敗北に追い込んでいるようだ。ここまで腐ってしまうと、このタヌキから得られる情報の多くは失われ、いくつもの研究が不可能な状況に陥っていることを認めざるを得ない。

ふと息を漏らし、解剖の手を止める。

だが、ここからが、本当の始まりだ。遺体解剖を仕事にする人間の、飽くなき精神力の見せ場がやって来た。腐敗物さながらのタヌキでも、できることは山ほどある。まさに、普段から、そのときの遺体をどうするべきかと、自分を追い詰めてきた真価が問われているのだ。

今日の花形、腐ったタヌキを〝生かす〟も〝殺す〟も、ピンセットを手にしたバイプレーヤーの力量次第だ。冷静な私の眼が、ついに遺体との闘いの火蓋を切る。張りを失った暗褐色の毛皮を、もう一度摘み上げる。このピンセットの先には、必ずや多くの謎が隠されているに違いない。

出会いのシーン

さて、本書に登場した栄誉ある遺体の第一号。図1を飾ったタヌキの第一発見者は、皆さんご存知の秋篠宮殿下だ。遺体の記録には、二〇〇三年一一月二〇日に、赤坂御所大池付近で、宮様が発見されたものと書き記されている。駆けつけて受け取ったのは私だが、初動の時点で、宮内庁の職員さんが十分に協力してくれて、凍結しておいてくださったものだ。

発見者がいわゆる巷の人ではないとしても、驚くに値しない。科学と遺体の接点は、どんなときにどんな場所でも起こりうる。相手の遺体とて特定できなければ、見つける人の素性も、事前に分かることではない。というよりも、遺体は往々にして、人と人との間の架け橋を育てていく。

問題のタヌキからは、初動時点ですでに多くのことが見出され、記録が取られた。まず一目で分かるのは性別だ。この場合雌である。そのまま、内臓を切り開くと、いくつものデータが見出されてくる。この個体では小腸、とくに十二指腸の炎症がよく目立つ。出血性と思われ、死因になったかもしれないほど重い腸炎だ（図4）。既にふれたように、歯を見ることでこの個体が具体的に何歳くらいか、知ることができるだろう。残された胃の内容物から、何を糧に生きていたかも分かってこよう。また遺伝子を調べれば、大体日本のどのあたりから由来したかを推測することができる。というのも、江戸の街が出来上がる前から、いまの港区の御所の辺りにタヌキが居続けたわけではない。かなり最近になって都心に出現した以上、どこからか人の手で運ばれて逃がされたものか、さもなければ東京の西部から歩いてたどり着いたと考えなくてはならない。それを明らかにするには、DNAの分析が近道である。

遺体から御所の動物を調査している私たちにとって、そんな謎解きを可能にしてくれるこのタヌキは、とても貴重な資料となった。発見者の殿下が動物学に興味と業績をもち、疑問を私たちと議論できる方であることは、御所の調査を進めるに当たって幸いなことだった。このタヌキは、骨格標本や遺伝子資料のかたちをとって未来へ引き継がれていくことだろう。東京のど真ん中を闊歩して、最後には殿下に拾われたという、いまの時代のそれなりに数奇な運命をたどった個体は、こうして永劫の安住を得たことになる。

このケースは、発見者が特異なことを除けば、遺体と私、遺体と科学が出会うシーンとしてはごく普通のものだろう。たとえばゾウとの対決やアザラシとの対話など、巨大な相手や、多少珍しい動物との接触の光景を見たいなら、私の以前の著作を読んでいただいてもよい（遠藤秀紀『パンダの死体はよみがえる』『解剖男』）。いずれにしてもこういう接点を通じて、遺体は科学の世界の扉を叩く。そして、そこには人と人の新しい出会いが待っている。

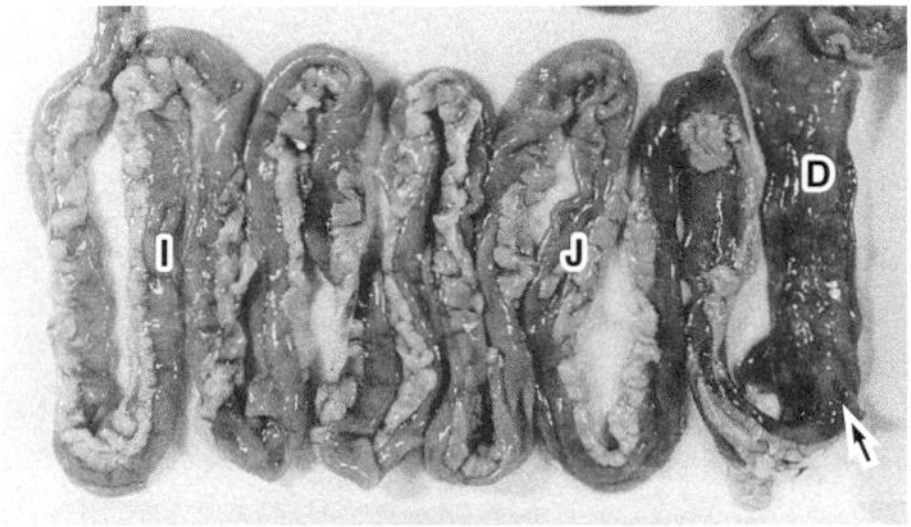

(図4）図1のタヌキの遺体から取り出されてきた小腸である。十二指腸（D)、空腸（J)、回腸（I）が見える。黒っぽく見えている十二指腸の領域に、重い出血性の腸炎が見られる（矢印)。国立科学博物館専報より改変して転載。

数量を取り上げるのは得意ではないのだが、だいたい例年二〇〇体から五〇〇体の遺体を運んでは研究し、標本に残してきた。もちろん、全身を運ぶことができずに頭部だけを得たもの、腐敗したため臓器を研究の現場に残せなかったものなど、個々の状況はいろいろである。しかし、遺体が中心になって、いつのまにか、強い人の絆が形作られていくことに気づく。遺体そのものが、多くの知を人類にもたらしていくと同時に、遺体が出現する現場で遺体に問題意識を抱くその持ち主と、それを集めようとのたうち回る私との間に、いつの間にかともに歩もうとする強い意識が芽生えてくるのだ。

それは単に人付き合いというような、表層的な関係にとどまってはいない。遺体という、世間的にはかなり厄介なものをやりとりする人間関係なのだから、互いにトラブルを起こしたり、私の方が迷惑をかけたりすることは少なくない。むしろ、それだからこそ、遺体が人と人との深い間柄を取り持ってくれているのだ。いってみれば、出会った遺体の数だけ、私は人々と心を一にしてきたといえるだろう。

最高の場

この本では、遺体がたくさんの読者の皆さんの科学的好奇心を純粋に呼び起こすものであることを、証明してみせることにしよう。実際に皆さん自身が、遺体を謎に富んだ興味深い対象だと見ていく時間を、この本で皆さんと一緒に創り上げていきたい。そして、その主役となるのは、ほかならぬ、あなた自身の身体だ。私たちが遺体から解き明かす事実のかなりの部分が、あなた自身の身体の歴史に直結する問題でもあるからだ。

多くの読者の皆さんは、あなたの耳が昔の動物では顎のパーツだったといわれても、何のことか分からないかもしれない。あなたの土踏まずの窪みが、この五〇〇〇万年間のサルのなかまの歴史を語る、輝かしい勲章であることをご存知だろうか。あなたが女性なら、毎月訪れる生理が、わがホモ・サピエンスの類まれな生き残り戦略の帰結であるということを聞いたことがあるだろうか。トクトクと休まずに震えるあなたの心臓が、五億年よりはるか前には、〝お腹の内のり〟だったといわれたら、面食らうばかりかもしれない。

そうしたヒトの歴史を知る術として、私たちはたくさんの遺体に頼ってきているのである。自分たちの身体の歴史を探る手段が、実は人知れず研究されてきた動物たちの遺体だったのだ。この本が、次章から語っていく多くの事実は、数多の遺体があってこそ明らかになってきた、あなた自身の履歴なのだ。

科学が遺体で学問を可能にする術を、どれほど真剣な考えで築いているか。科学が遺体の周囲の人々とのつながりを、知のためにどれほど大切にしようとしているか。読者にはうっすらと見えてきているだろうか。そして実際、その遺体が、ほかならぬ私たち自身の身体の歴史を知る最高の場であるという事実が残されてきているのである。

第一章　身体の設計図

1-1　肩の骨の履歴

魅惑のフライドチキン

遺体を見ることでヒトの身体の歴史が見えてくるという筋道を、前の章で話した。ここで、歴史を語る道標として、身体の「設計」というアイデアを示しておきたいと思う。ときにそれは「設計図」という表現になることもあろうし、特に新しい動物であるヒトに関して語るときには、祖先に対する「設計変更」という言葉が多用されることになるだろう。その真意は追って分かってくると思うので、いまは心配しないで読み進めていただきたい。

読者は、身体の設計というからには、何かに定められた決まった形という感じを受けるかもしれない。たとえば、高層ビルの設計とか、新型旅客機の設計とかいうとき、かなりカッチリとした、譲れない図面のようなものを感じられるのではないだろうか。ところが、動物を語るときには、そのくらい厳格な意味で設計を考えることはほとんどないかもしれない。もう少しいい加減なイメージをもってもらって結構だ。たとえば、本当に形が決まっていなくても、身体が特定の決まった概念の上に作られている仕組みであるとき、動物のつくりは基本的な設計のもとに成立していると考えるものなのである。実例から出発しよう。

設計なる話の栄えある一番手は、フライドチキンだ。美味しい鳥肉を齧りながら、とある骨を見つけ出してみてほしい。商品のことは正確には知らないが、白い髭のおじさんが立っているあのチェーン店のピースでも、おそらくは、この骨を見つけることができると思う。いや、考えてみれば、別にディッシュの種類はフライドチキンでなくともよかったか。揚げたか焼いたかを、問う問題ではない。材料がニワトリである必要もない。鳥を食べる機会があれば、目的は達せられる。子供でもいると、足を食べるか胸を食べるかで、フライドチキンは取り合いになったりする。確かに太ももを使っても設計の話はできないことはないのだが、ここはひとつ、腕や胸のあたりを選んでかぶりつきながら、動物の偉大なる設計図に付き合っていただきたい。話は必ずあなたの肩に戻ってくることを、頭の片隅に置いてほしい。

鳥の胸を真横から見ると、大きな胸肉が見えてくる（図5）。チキンのピースが小さくて迫力が無かったら、もう少し原形を保ったままの調理前の胸部を、鶏肉屋さんで見せてもらうとよいだろう。専門家は、最初に見えてくるあまりにも巨大な筋肉を、浅胸筋《せんきょうきん》と呼んでいる。読んで字のごとく、胸の浅い位置にある筋肉だ。誇り高きニワトリでも、バラバラになってスーパーで売られるときには、浅胸筋は「胸肉」と表示される。この浅胸筋だが、カッターナイフでもあれば、鳥の胴体からきれいに切り離すことができる。体重三キロくらいのニワトリを捕まえてくると、それがたとえ肉用に育種・飼育されていないものであっても、浅胸筋は両側合わせて重量三〇〇グラムくらいにまで発達しているはずだ。あなたが体重五〇キロなら、実に五キロの肉の塊があなたの身体に貼り付いている計算になるから、体重比で考えたら恐ろしく大きな筋肉であることが分かるだろう。

　その巨大な浅胸筋を剥がすと、浅胸筋に守られているかのように、鳥らしい機構が姿を現してくる。もっとも目立つのは、美しいピンク色の筋肉（図6）。艶に富んだ

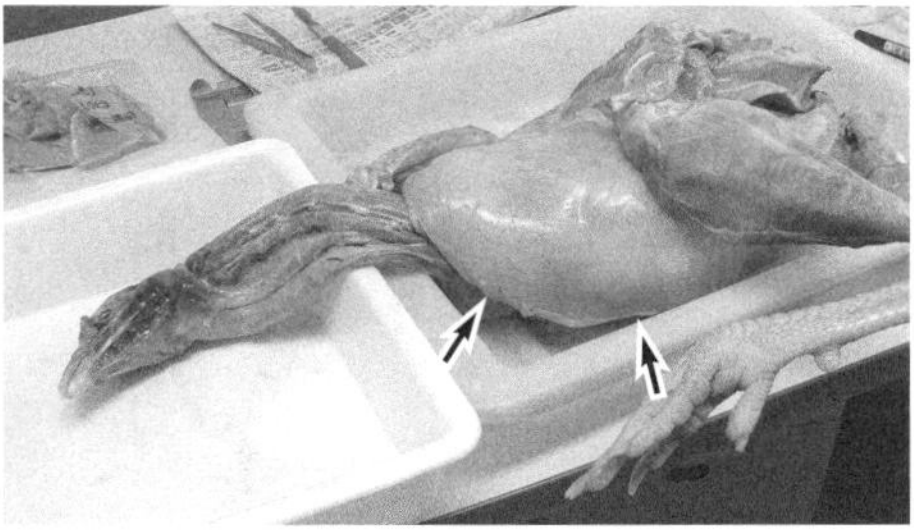

（図5）ニワトリの皮膚を外して、胸部を左から見たところ。巨大な浅胸筋（食材で売られる胸肉だ）（矢印）ばかりが目立つ。この筋肉の裏側に、鳥の肩から腕への設計が隠されている。ちなみに、これは日本で育種されている軍鶏である。

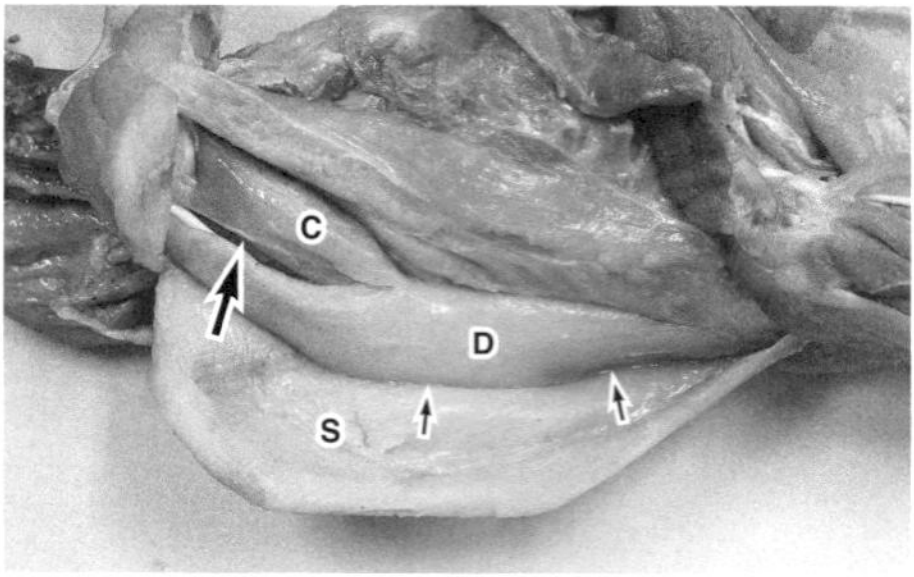

（図6）巨大な浅胸筋（S）を外すと、深胸筋（D）（つまりは、ささみだ）と大きな胸骨（小矢印の奥）に近づく。フライドチキンでグニュグニュした白くて食べられない軟骨のようなものが見えてきたら、この部分だと思えばいい。で、そのささみの背側に、大体長さ5センチくらいの別の筋肉が見えてくる。これが外烏口腕筋（C）。その縁は、最大の問題の烏口骨だ。大矢印の先に烏口骨が顔を覗かせている。これは、卵肉兼用のよくある品種、ロードアイランドレッドのもの。

この塊には、肉屋さんの店頭でも見覚えがあるだろう。左様、「ささみ」である。脂の少ない、なかなか単価の高い筋肉だ。浅胸筋に覆われていた、ささみなる筋肉は、その名もズバリ、深胸筋《しんきょうきん》という用語で呼ばれる。例によって、三キロのニワトリには、左右合わせて大体一二〇グラムくらいの深胸筋が備わっている。

想像がつくと思うが、浅胸筋と深胸筋は、鳥が飛ぶための進化の帰結だ。両胸筋は、胸骨という大きな胸の骨の塊と、腕の骨の間を結んでいる。浅胸筋が腕、つまりは翼を打ち下ろし、深胸筋がそれを振り上げる役割を負っている。空の支配者という鳥のアイデンティティは、まさに両胸筋でもって翼を動かして飛翔することで、達成されているのだ。もちろん、先進国であなたの胃袋に収まる食肉用ニワトリは、大きな胸筋をもっていても飛ぶことを知らず、哀しいことに、地上に立ったまま羽ばたくだけで精一杯の身の上ではあるのだが。

ここで、注目すべきは、いま皆さんが口にくわえているその胸筋の領域が、鳥の胴体と腕をつなげて、そこに力を与える動力として作られているという点だ。このこと自体は、獣でもヒトでも似ているといえる。というのは、哺乳類だって、肩を介して胴体と腕をつなげているから、その設計には鳥と大いに共通する点がある。皆さんは腕を大きく水平に広げてから、身体の前で閉じる動作をとることができるだろうが、これはニワトリが羽ばたくのと同様に、胸筋を使った運動なのだ。

肩に隠された細工

ところが、である。ささみの背側に、あまり話題にならない、小さな肉塊が見えてくると思う（図6）。これが外烏口腕筋《がいうこうわんきん》という筋肉だ。胸筋とは別に存在する、翼の動力源の一つだ。そして、写真上に矢印で示したように、胴体の側面でこの外烏口腕筋の筋肉の始まる部分に、かなり大きな骨が威張っているのだ。この骨が今回の主役、烏口骨《うこうこつ》である（この分野に詳しい読者は、単に烏口骨とだけいうと、近くにある別の骨を指してしまう可能性に気づかれるだろうから、ここでの話は、厳密にはすべて前烏口骨《ぜんうこうこつ》を指すと考えていただきたい）。ここはどうしても専門用語が二、三出てくるが、最低限のものなので、記号のつもりで我慢してほしいところだ。

あなたのフライドチキンは、まだ外烏口腕筋が残っているだろうか。もう齧ってしまっていても、めげることなく、烏口骨を探してほしい。どんな大食いでも、烏口骨を砕いて食べることはないだろうから、必ず残っているはずだ。もちろん調理前に外されてしまったら話は別だが。

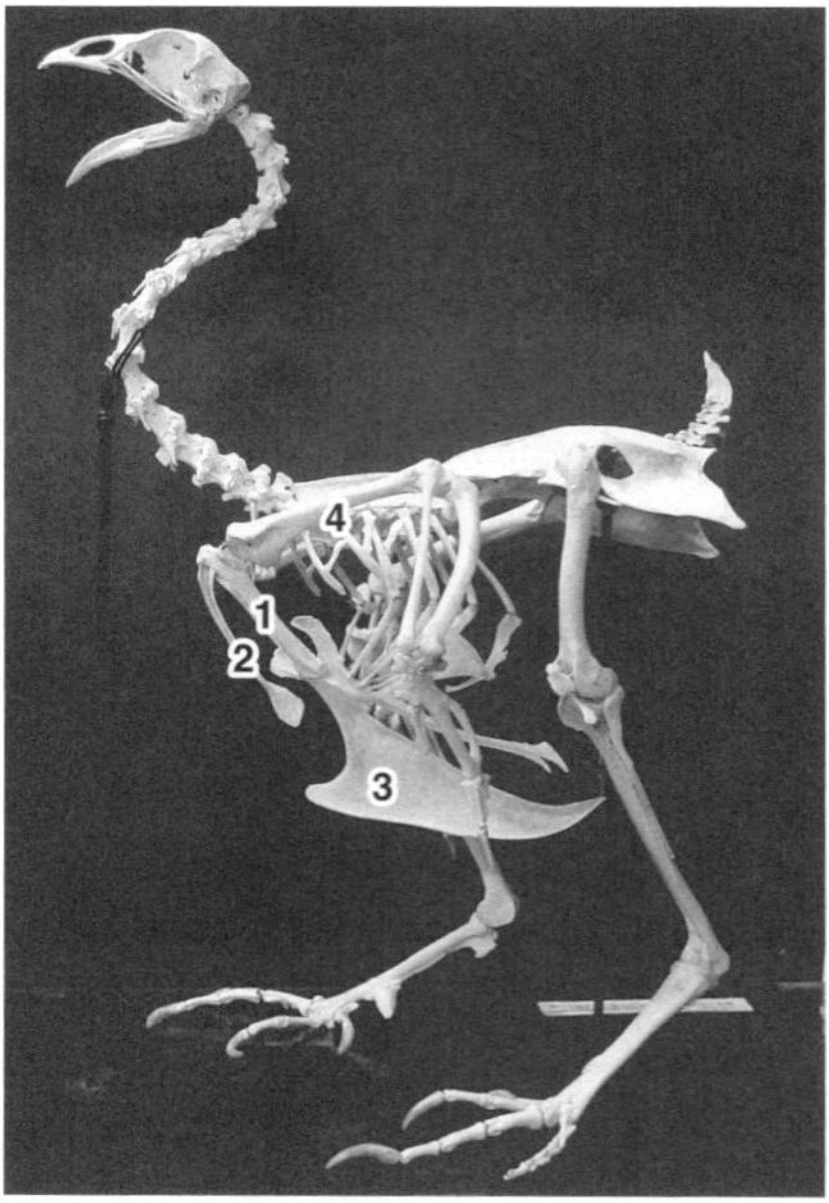

（図7）ニワトリの骨格標本である。左側面から見た図。烏口骨（1）、鎖骨（2）、胸骨（3）、上腕骨（4）だ。この角度からだと肩甲骨はよく見えない（帯広畜産大学家畜解剖学教室・佐々木基樹博士撮影）。

問題の烏口骨をよりよく知るために、ニワトリの全身骨格を側面から見てみよう（図7）。烏口骨は鳥の胸部の側面にべったりと接着している。少し勘のいい人は、「これは、ひょっとして、私の肩の骨？」と思われるかもしれない。確かに、これは腕の骨のさらに胴体寄りにある骨だから、関節の順番だけを見れば、ヒトでいう肩の骨、すなわち肩甲骨《けんこうこつ》かと思われた方もいるだろう。比べるのに便利なように、ヒトの骨を載せておこう（図8）。ヒトは、ニワトリやほかの鳥・哺乳類と比べて、胴体が背中とお腹の側からペチャンコに押し潰されたような断面形状になっている。だから、胸の領域の側面にある骨が少し背中側へずれてしまったと考えると、やっと両者の形のデザインにつながりがついてくるかもしれない。

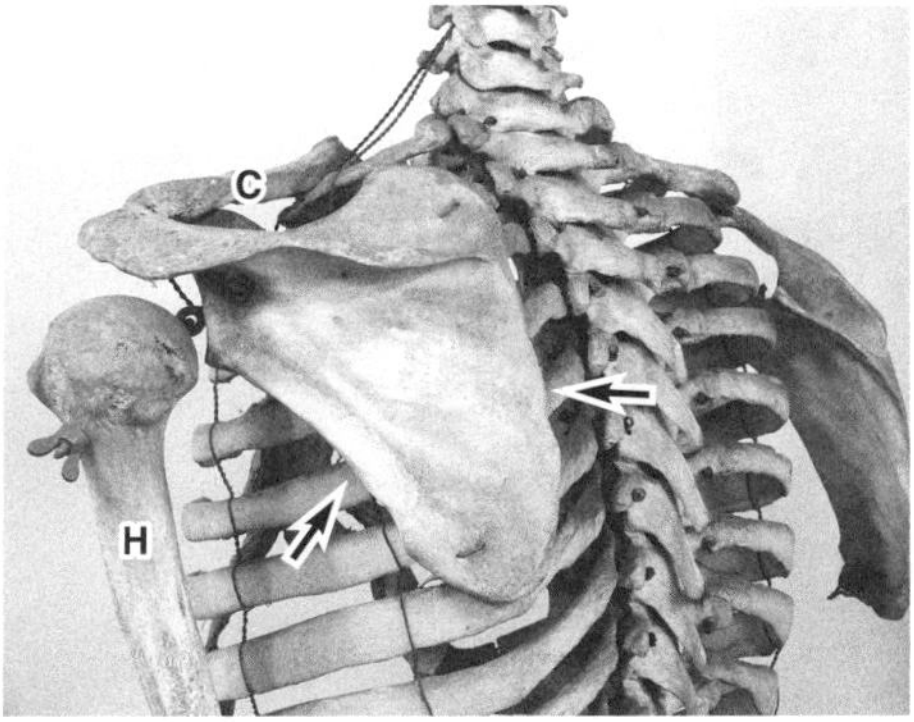

（図8）ヒトの胸部を背中側から見た。肩甲骨（矢印）が、胴体に貼りついていることになる。肩甲骨は、前図の鳥の烏口骨と似て、上腕骨と関節をつくりながら、腕を胸部に接続する役割を果たす。Cは鎖骨。Hは上腕骨。写真はもともと右側の肩甲骨を撮影したものだが、ニワトリの図と向きを合わせるために左右を反転して掲載している（国立科学博物館収蔵標本）。

　だがニワトリの「烏口骨」とヒトの「肩甲骨」、位置は似ていても名前が違うでは

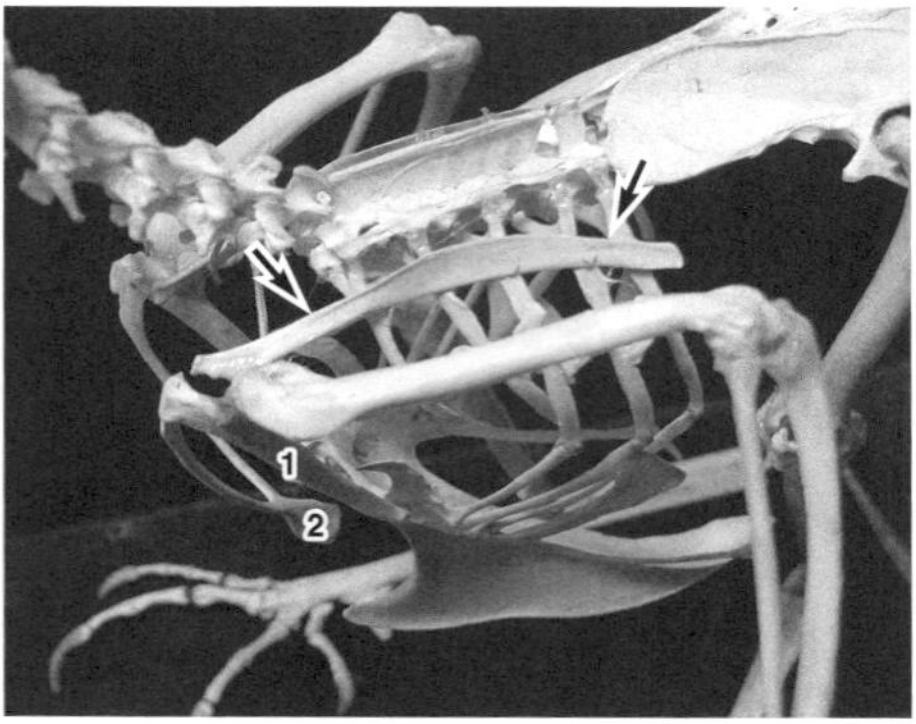

（図9）図7のニワトリの骨に、少し背中側の角度から近づいてみた。かなり前寄りに、まるで寂しがり屋のような、細い肩甲骨（矢印）が存在している。1は烏口骨、2は鎖骨。いずれも前肢帯をつくる骨たちだ（帯広畜産大学家畜解剖学教室・佐々木基樹博士撮影）。

ないか。

その通りである。実はニワトリにも、ちゃんと別に肩甲骨が存在している（図9）。なんだか爪楊枝のようなはなはだか弱い存在だが、烏口骨より背中寄りの、確かに肩甲骨の名に恥じない場所に、顔を出している。これが、ニワトリの肩甲骨なのだ。しかし、これは、ヒトで見られる立派な三角形の肩甲骨とは似ても似つかない有り様である。進化の神様は、いったい、ニワトリの肩に何を細工してしまったのだろう。

肩の太古の基本設計

烏口骨や肩甲骨。こうした骨を専門的に前《ぜん》肢《し》帯《たい》というグループに分類している。用語は聞きなれないが、大して難しいことを指しているのではない。一般に、胴体と腕の骨、つまり上腕骨《じょうわんこつ》を接続している装置や骨や領域を、前肢帯と呼ぶのである。ヒトの腕では前足とは呼ばないから用語的には上肢帯《じょうしたい》になるが、ここではヒトだけを語る訳にいかないので、一般に前肢帯と呼ぶことで勘弁してもらいたい。ちなみに後ろ足の場合は、同様に後肢帯《こうしたい》という。後肢帯の主役は、腰の付近の骨、たとえば骨盤になる。

ここで、設計の観点で、前肢帯を考えてみよう。前肢帯は腕を胴体に結びつける役割を果たすので、そのための基本的な設計を備えている。ここで議論の対象となるもっとも古いケースは、実は次の章で語る、およそ三億七〇〇〇万年前に、初めて地上を歩くことになった私たちの祖先の脊椎動物だ。しかし、慌ててそこまでさかのぼらなくてもよい。鳥とその周辺の動物で十分である。

骨格標本でも見えたように、ニワトリにとっては、腕を胴体に結びつける役割を果たすために、設計段階から、烏口骨と肩甲骨という少なくとも二つの骨を備えていることが明らかだ（図7、図9、前掲）。烏口骨は背中寄りで上腕骨と関節を作り、腹部寄りでは胸骨と関節をもつから、まさに連結器だ。一方の肩甲骨は、上腕骨と連結するとともに、か細くはあるが、筋肉でもって胸の側面に付着する。

この二つの骨を使って腕を胴体に連結するというのは、実は、鳥類ではもちろんのこと、爬虫類でもごく一般的なことだ。爬虫類全体を見渡して見ると、もちろん四肢の無いヘビたちは論外として、みな立派な烏口骨と肩甲骨を使って、腕を胴体に結び付けてきた。そしてその烏口骨からは、外烏口腕筋に当たる筋肉が伸びて、腕を動かす動力になっている。これが爬虫類の段階で十分に確立された設計であり、設計図なのである。基本設計の歴史が深いことにお気づきになるだろう。さらに細かくいうと、爬虫類では、烏口骨と肩甲骨以外にも、いくつもの骨が前肢帯を構成しているのだが、さすがに皆さんを疲れさせるので、この辺でとどめておくことにするが。

設計図の〝描き換え〟

ところで、新聞にも時々載るので、ご存知の方もいるかもしれないが、鳥類は、爬虫類、とくにそのなかでも恐竜類と同じグループといっていい存在だ。小中学校の理科では、鳥類というグループが確立されているように教えられていて、そのこと自体は、脊椎動物の分類を教える上では一理ある。しかし、進化の歴史的事実を論理的に紐解くと、もはや鳥類を、恐竜の仲間から外して考えることは不要なことだといえる。つまり、あなたがいま齧っているフライドチキンは、大昔の地球の支配者だったあの恐竜の末裔、そのものなのである。

となれば、そのフライドチキンの烏口骨も肩甲骨も、立派な爬虫類、中でも恐竜類の設計を引きずって、いまの形が残されていることになる。そして注目されるのは、立派な烏口骨と貧弱な肩甲骨という〝力関係〟だ。

一般的かつ大雑把には、爬虫類全体を見ても恐竜類も、烏口骨と肩甲骨をともに仲良く使って腕を胴体に連結してきたということはいえるだろう。ところが、鳥類へ向かうにつれて、飛翔能力を高める過程で、肩甲骨よりも烏口骨に比重を置いた進化を経てきたと考えることができる。二つの前肢帯の骨のうち、烏口骨により大きな役割を与えたのが、鳥たちの進化の基本的な設計図ということができる。つまり、鳥にとっては、腕を胴体に連結する役どころはあくまでも烏口骨に任せようという、設計図の描き換えがなされたのだ。その理由を考えるなら、激しい運動が必要で、同時に軽量化を求められた肩の構造が、二本立てから烏口骨優位に単純化していったと推察することができるだろう。いま、あなたの掌で食べられるのを待つフライドチキンは、そんな歴史上の身体の設計というものを、烏口骨や外烏口腕筋の力強い形でもって、また逆にいえば、申し訳なさそうに姿を残す肩甲骨の弱々しい形でもって、私たちに知らせてくれているのだ。

他方、ヒトの前肢帯はどうなっているのだろうか。烏口骨はいくら探しても見つかってこない。しかし、肩甲骨は、孫の手で背中を掻こうとすると、引っかかってくるあの骨の塊だ。この位置で大きい姿を見せて、上腕と胴体を結ぼうとしている装置が肩甲骨である（図8、前掲）。ヒトの場合、肩甲骨が上腕骨と関節をつくり、最終的に鎖骨が介在して、肩甲骨を胸骨、つまり胴体の胸の部分と連結している。ただし、鎖骨の存在以前に、肩甲骨自体を、背中や胸や頸や頭から伸びるたくさんの筋肉が胴体に貼り付けているから、筋肉だけでも、腕は相当しっかりと胴体に連結させられていることになる。

運命を分けた設計変更

ここでもう一度、設計という考え方で、ヒトの肩に何が起こったかを考えてみよう。古い脊椎動物の前肢帯には、烏口骨と肩甲骨の双方が欠けずに揃っていたはずだ。ところが、見たところ、いまのヒトに残っているのは肩甲骨だけである。ニワトリの前肢帯の骨（図9、前掲）を見たとき、肩甲骨の重要性が下がり、烏口骨がおもな前肢帯要素となっていることを話した。となれば、ヒトには、鳥類に生じたこととはまったく違う逆のことが起きているのではないかと、推測されるのである。つまり、ヒトのなかまは、腕を胴体に結びつける装置として、二つある骨のうちの肩甲骨の方を採用したのではないか。そして、もうひとつの烏口骨は、姿が見えなくなるまで、退化するに任せたと推察されるのである。
前肢帯には古くからの設計図がある。ニワトリもヒトも、その設計図を無理矢理に手渡された後世の生き物である。そして、ニワトリは烏口骨を、ヒトは肩甲骨を、祖先の前肢帯の中から、主役の役者として大抜擢したのだ。これを、ある意味、古い設計図を元にした、設計変更と呼べるだろう。前肢帯の設計がもともとかなりしっかりしたものであったため、それをマイナーチェンジすることで新しい動物が生み出せる。進化はもちろん突然変異や自然淘汰の積み重ねだが、種は形の設計図を逃れることのできない運命にある。その運命が分けた設計変更の相違が、ニワトリとヒトの肩の形を、ここまではっきりと隔ててしまったのである。

ちなみにヒトの方だが、正体はご存知の哺乳類だ。以前の考え方なら、哺乳類は爬虫類の一群から生じ、それこそ恐竜や鳥とはまったく違う歴史を歩んできたとされてきた。この話の後半は正しいのだが、いまでは、哺乳類を生んだとされていた爬虫類の系統進化の考え方が大きく変わり、哺乳類は爬虫類を介さずに、根源的には両生類から直接生じたとするほうが妥当だとされるようになっている。両生類のような脊椎動物から、ニワトリに行く爬虫類の系統と、ヒトに至る哺乳類の系統が、かなり古い時代にまったく別の進化の道を歩み始めているというのが、本当らしい。ちなみに、よほど古いタイプの哺乳類を持ち出さない限りは、肩甲骨優位・烏口骨消失という状況は、私たちヒトだけのものではなく、哺乳類全体に普遍的に確立された設計図となっている。

鳥類と哺乳類。この両者が違う道を進んだ正確な時期は不明だが、大雑把には三億年前。古生代石炭紀と呼ばれる時代が妥当なところだ。そんな昔に分かれた両者が、片方は烏口骨で、もう一方は肩甲骨で前足を動かすような結果に至るのだから、進化とは気の長い話だ。

ついでに面白いのは、異なるパーツを選んだ両者ともが、それ相応に成功してしまっていることだ。烏口骨を重視した爬虫類にとって、本当の繁栄の時代は、中生代、つまりはいまから六五〇〇万年以上前の恐竜時代といえるかもしれない。しかし、結局恐竜は鳥になって、大空を飛び回る今日の成功者でもある。一方の哺乳類は、六五〇〇万年前以降に、地球の支配者として君臨することになる。もっともわがヒトに限れば、ホモ・サピエンスとしてもざっと一五万年、猿人までさかのぼっても五〇〇万年くらいだから、本当に直近の履歴書しかもたないのだが。

肩に隠された二つの骨の履歴。そのいずれの系譜も、それなりによくできた肩を生み出したといってよいだろう。進化の枝分かれは、勝つか負けるかという二者択一で考えるものではけっしてない。どこかで運命を隔てられた両者が、それぞれの生き方で十分に成功していくという歴史はごく普通のことだ。

さまよえる鎖骨

ところで、烏口骨と肩甲骨の設計に初めてふれる読者には、はなはだ混乱を招くので、あまりふれてこなかった前肢帯を演じるもうひとつの骨に、鎖骨がある。念のため、最後にちょっとだけ鎖骨の面白みを話しておこう。

実際、鳥（図7、前掲）にも哺乳類にも鎖骨はしっかりと存在して、それぞれ烏口骨や肩甲骨を、胸骨、すなわち胴体の一部に連結する働きを果たしている。鎖骨には、皆さんも自分の鎖骨を首の下の前方部分で、両側に容易に触ることができるはずだ。

ニワトリでもあなたでも、鎖骨はそれなりに発達しているので、あえて語らずにきた。だが、たとえば、あなたの家ではイヌを飼ってはいないだろうか。もし大好きなワンちゃんが身近に居るなら、彼ないし彼女には鎖骨など存在しないという事実を、知っておいたらよいかもしれない。実にこれはまた、イヌの仲間に起こったひとつの設計変更といえるだろう。左様、イヌは前肢帯のパーツ群から、鎖骨を不要のものとして削ってしまったのだ。

ワンちゃんのご機嫌を取りつつ、ちょっと試してみてほしい。首筋の表面をずっと触っていくと、前足が現れる少し前の部分で、皮膚の下にコリコリとした動く塊に出会う可能性がある。ある程度大きな一〇キロ以上はあるイヌが分かりやすいだろうが。いわれてもなかなか気づかないような、皮下のコリコリ。正体は鎖骨画《さこつかく》と呼ばれる、鎖骨の痕跡だ。といってもすでに鎖骨たる骨の姿はどこにもなく、ただ、頭から腕に伸びる長い筋肉の中に生じてくる、線維《せんい》と軟骨の小塊だ。しかし、これこそ、イヌの歴史に追い詰められていった鎖骨が見せる、断末魔の叫びだといえるだろう。

身体の歴史を知ろうとするときにもっとも大事な情報は、往々にして、こんな目立たないところに隠されているものだ。そして、こうした情報は、たくさんの遺体を扱って初めて発見されてくる科学的事実なのである。

1-2 ハートの歴史

心臓の古いかたち

私も昔は恋をした。いや男女問わず、きっと死ぬ瞬間まで、恋心というのは胸を締め付けるものなのだろうと勝手に想像しながら、ヒトの人生を少しでも明るく考えたいと思う私だ。で、その揺さぶられる胸《ハート》が、この節の主題になる。

まずは、心臓のもっとも古いかたちの一つに、とりあえず登場願おう。ナメクジウオである（図10）。ナメクジウオは、系統分類学的には、原索動物《げんさくどうぶつ》の頭索類《とうさくるい》というグループに属している。ウオといっても、魚類とは違って、魚よりずっと原始的な動物だ。昔から日本では比較的温かい海でよく見られたが、海洋汚染や開発で姿を消している地域も珍しくない。ちなみに、おとなり中国では、この動物を佃煮風に料理して食するらしい。アジア人の食欲はとどまるところを知らないものだが、ナメクジウオの姿を見ていると、大きさといい細さといい、よくある小魚の佃煮というのはこんな感じの食材が多いかなとも思えてくる。

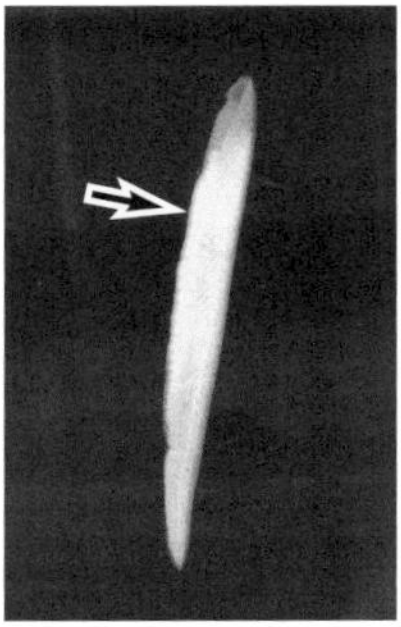

（図10）ナメクジウオの液浸標本。長さ5センチほどだ。原始的な〝心臓〟が、体の腹側（矢印）に散在している（国立科学博物館収蔵標本）。

ナメクジウオの仲間は、太古の昔から地球に生きてきた。化石が、たとえばカナダ西部のバージェスという場所で見つかっている。その名はピカイア。五億年以上前のカンブリア紀の動物が大量に見つかったこの場所で、ピカイアはさりげなく存在を示してくれる。この仲間はもっと古くから登場していたはずなので、私たちの根源的な祖先がピカイアという訳ではない。しかし、ピカイアの化石は、ナメクジウオの仲間が脊椎動物の発展の前段階として繁栄していたことを示してくれる。

ナメクジウオはきれいな左右対称の動物で、まだ背骨はないけれども、脊索《せきさく》という身体の軸を備えている。このレベルの動物としては、かなり洗練された神経系や呼吸器や排泄器をもつといえるだろう。そして、これらは、いわゆる脊椎動物のなかまのすべてに及びうる基本的な設計図だと考えることができる。その設計図の中で、いま注目したいのは、彼らの循環系、特に心臓である。

ナメクジウオのなかまは、私たちにつながるしっかりした血管系を備え始めるもっとも古い動物とされてきた。彼らはこんな姿でも、ちゃんと酸素や栄養を身体のすみまで運び、逆に老廃物を回収する血液のルートをもっている。血管の壁の組織も、中を流れる血液の細胞も、まだ原始的で貧弱なものなのだが、それでも血管らしい血のルートをもったということだけで、進化の歴史においては画期的なことだろう。血管の存在一つをとっても、背骨をもついわゆる脊椎動物の基本の設計が、ナメクジウオの段階で描かれつつあるといえるものだ。

さて、問題はこの動物の心臓だ。私たちやそのほか多くの動物で見られるような、心臓らしい心臓はこの動物にはない。ところが、血液を循環させる動力源は、確かに備わっているのだ。それはこの動物の側面に向けて並ぶ鰓《えら》の、腹側に沿った血液のルート上に位置している。といっても、血管の壁の広い範囲に、心臓の筋肉の細胞がバラバラに分布するという、およそ心臓らしくない心臓の原型だ。広くちりばめられた細胞は、しかし、自分で収縮し、どの程度役に立っているかはともかく、血液のルートを収縮させて、か弱いポンプとしてなら、働くことができる。

もともと私たち脊椎動物は、鰓の後方のお腹寄りに、どうやら心臓がバラバラの状態に散在するという設計図を描いてくれていたらしい。もちろんこれでは、その後の高度な生活を果たしていくには甚だ不十分だったのだろう。次なる脊椎動物は広い意味での魚類になるが、この段階ではもはやちゃんとした心臓が確立される。

魚の心臓を確かめるのに、メスなど要らない。晩御飯のおかずに登場願おう（図11）。焼いてしまってからで構わないから、焼き魚の鰓の後方腹側を、箸で突いてみてほしい。ちょっと赤黒い三角山の固い臓器が顔を出す。これがちゃんとした意味なら最初の基本的な心臓だ。しかし、大事なことに、それはナメクジウオが描いた鰓の後方に心臓があるという状態と、位置的な概念は何も変わっていないではないか。律儀にもナメクジウオの描いた基本設計を全面的に拝借し、ポンプに専念できるような心臓の構造を生み出したのが、魚類たちの成し

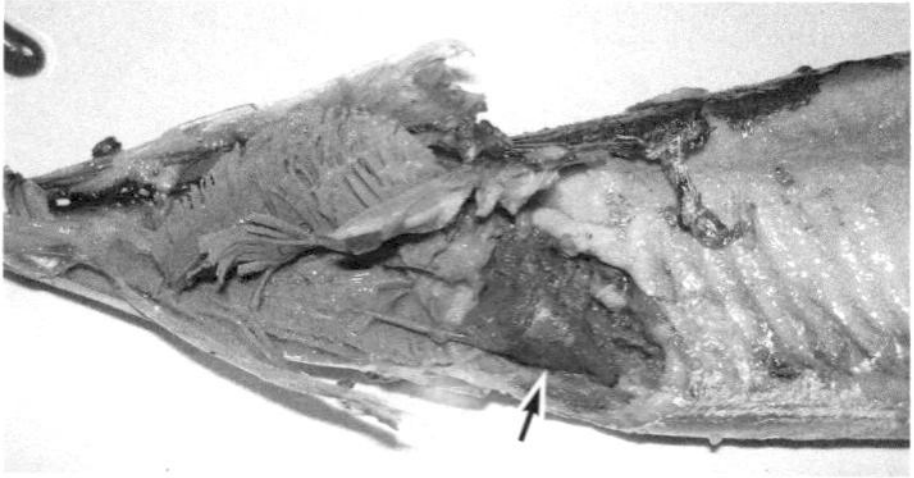

（図 11）今日の晩御飯のおかずはサンマだ。問題は鰓蓋の後ろの腹側だ。この部位を開ければ、すぐ心臓が見えてくる（矢印）。ここで食卓のキャストを図の素材に投入したのはほとんど冗談だが、多くの読者にとって、焼きサンマの〝解体〟は、日常的に進化を考えるけっして多くない機会のひとつだろう。もちろんこのサンマは、撮影後、私の胃袋に収まった。

遂げた設計変更だといえるだろう。

皮一枚だった心臓

ナメクジウオが出てきて、そんなものと自分の身体の設計に何の関係があるのかと、突き放すのは早計である。ナメクジウオが自分の鰓の後ろに蒔いた心臓の種は、見事、いまあなたの胸でキュンとなる、その心臓に確実に連なる歴史をもっているのだ。

ここで疑い深い人は、もっと古い心臓はないのかといい始めるだろう。これを基本設計と呼べるかどうかは少し難しいが、実はもう一段階古い心臓がある。それはホヤのものだ。

ホヤもまた、原索動物のなかまだ。このホヤにも〝心臓〟がある。ただそれは、ある意味ナメクジウオのもの以上に心臓とは呼びがたい。何せホヤには血管系がないのだ。ホヤの心臓というのは、ただパクパクと動いて、体液を体内に行き先を定めずに送り続けるというものである。しかも彼らの場合、流れの方向が一定ではない。男心同然のこの心臓《ハート》は、気まぐれに収縮する向きを変え、体液をランダムに揺らし続けるというものなのだ。

このホヤの心臓だが、実体はホヤの体内の空所の壁がニョキニョキと分化してきて、筋肉細胞に化けたものだ。専門用語で体腔上皮《たいくうじょうひ》と呼ばれる皮である。用語などどうでもいいが、これが、心臓の描きかけの設計図といっていいだろう。ホヤにしてみれば、血液のルートは無くとも、体液をあちこちへ動かし続けていれば、代謝のための物質の移動には都合がよいことになる。つまりは心臓の無い状態で体内物質を動かすためにどうすればいいかという苦肉の策が、この体腔上皮のポンプ化という作戦だったに違いない。

しかし、その上皮は、長い時間を経て、夢見るあなたの心臓《ハート》にまで進化する。実際のところ、私たちが受精卵から胎児になっていく段階のごく初期に、私たち自身も、この体腔上皮の細胞から心臓を作り上げていることが知られている。お父さんの晩酌のおつまみ、あるいは、安物ＳＦＸが作りだす宇宙生物。そんなものを想起させるあのホヤの身体の内のりが、地球のすべての脊椎動物の心臓の、最初の設計図ともいえるのである。

恥ずかしながら明かすと、私が博士の学位を取得するときに選んだテーマは、この体腔上皮と心臓の関係を、脊椎動物の歴史を使って見渡してみるという、とてつもなくのんびりしたものだった。しかも、具体的に各進化段階の動物たちを捕まえてきて、体腔上皮の周辺を切り取って、それが心臓になろうとしているかどうかを視覚化して確認するという、恐ろしく呑気な仕事だった。

真に懐の深い超一流の動物発生学の研究室ならばともかく、これをよくある獣医学の基礎講座で店開きしたものだから、私の周囲はずいぶんと異様な光景になった（遠藤秀紀「比較解剖学は今」）。考えてもみよう。解剖学に関心のない若者が増え、遺体を捨てて分子生物学の機材に置き換えようかという時代のことだから、机上に山ほど一八世紀の古典を広げ、実験室でヤツメウナギやサメをバラバラにする自分は、当時の指導教官にとっては笑って眺めるしかない存在だったろう。凡庸な教授なら、さっさと私を追い出しているはずである。私と遺体解剖との接点が広がったのは、私を放っておいてくれる類まれに優れた指導者とその頃の獣医学の世界で巡り会ったという、私にとって至極幸せな環境のなせる業だったのかもしれない。

機械の設計図との違い

設計という考え方を二つの例で示した。ときにちょっと聞きなれない単語が出てきてしまったかもしれないが、なかみは十分に理解してもらえたと信じる。

動物というのは、基本的な設計をもつ祖先がいる。そして次の段階は、その祖先の設計図を借りてきて変更するしか、新たな動物を創り出す術はない。だから、新しい設計は、所詮は祖先の設計図のどこかを消しゴムで消し、何か簡単にできることを付け加えることでしか、実現できないのだ。

これは人間が作る機械に対して、分かりやすい対照をなす。機械はみな、それを使う人間の目的に合わせて、白紙から設計される。一〇〇パーセントの主導権が、設計者の手にあるのだ。もちろん、改良型と称して前のバージョンを描き換えて作ることはあろうが、それとて、白紙からの設計のチャンスを拒絶しているわけではない。しかし、生物を白紙から設計しなおすことは、初めからできないことだ。

二〇〇五年から日本中を揺るがせた耐震偽装マンションの設計図は、建築士がコンピューターで構造計算をひねくりながら偽装していったのだそうだ。事件自体がひどい話だが、これも主導権が設計者にあることの証明でもある。だが、もちろん、動物の設計図をそうやって勝手気ままに描くことはできない。なぜなら明らかな不良品は、たとえこしらえたところで、その後の歴史を生きていけないからである。自然淘汰が、そうした不良品を確実に滅ぼしていくからだ。

動物は、祖先も子孫も基本になる設計図をもっている。それを変更しながら使っていくのが、動物の進化の王道だ。だから、何かとても〝便利〟な設計図があると、それは平気で五億年くらい使い続けられることになる。消しては加筆、加筆を消しては書き込んで、の繰返しで。実際、ホヤやナメクジウオの心臓は五億年以上もひねり回して、ついには、私たちの心臓としていまも生きている。烏口骨と肩甲骨のコンビネーションは、それぞれの骨が設計変更を受けながら、三億年は独立した歴史を歩み続けているのだ。

読者には、設計とその変更という考え方を頭に置きながら、この本の中盤を楽しんでいってほしいと思う。次の章はその設計と設計変更のオンパレードだ。第三章と第四章には、あなたの形の歴史を、設計というストーリーから解き明かす話が待っている。そして忘れてはならないのは、これらの話が、たくさんの動物遺体を現場で集めるという地道な研究姿勢から得られてきているということだ。

第二章　設計変更の繰り返し

2-1　五億年の戸惑い

勘違い、ミス、失敗、偶然……

前章の役者の一人、ナメクジウオからヒトが生み出されるまでに、ざっと五億年以上の時間が費やされている。五分を惜しんで昼の立ち食い蕎麦を胃袋に流し込むサラリーマンにとって、時間の単位に億年と言われると面食らってしまう。でも、ここは、そのウン億年という時間にうろたえないようにしよう。

例えばだ。確かに五億年は長いかもしれない。けれども、ちょっと物事を斜めから見てみようか。そもそも、宇宙の歴史は一五〇億年、地球のそれは四六億年とされる。それからすれば、身体の歴史は何分の一でしかない。動物の身体の歴史など、科学が論議しなくてはならない時間スケールのほんの一部の出来事に過ぎないだろう。光陰矢のごとし、だ。むしろ、与えられた時間を、動物の身体が全速力で突っ走ってきて、その結果、いまの私たちヒトを生み出しているというのが、私の感触だ。

一方で、そんなちっぽけな五億年だからといって、身体が引きずっている歴史が薄っぺらなイベントの寄せ集めだとは思われない。動物の身体は、単純に部分部分に還元していっては正確に理解できないくらい、あまりにも複雑だ。

「動物の身体が、まるで自ら意志をもって変化して行ったかのように、次から次へと絶え間なく猛スピードで形と生き方を変えていった」

身体の形を見る目で養われるのは、そんな歴史観だろう。

さて、歴史というものは、まえがきでもふれたように、石や紙に文字や絵で残されていたり、遺跡を掘って解明したりすることが多い。だが、動物の身体の歴史は、もちろん文字よりも古い。だから、それを跡付けようとするとき、たとえば私たちは地面を掘って、化石を見つけ出そうとする。化石は、確かに、身体の形の変遷を物語るとても重要な証拠だといえる。一方で、私たちはもうひとつ何万年もかけて出来た化石に優るとも劣らない有力な証拠を、いとも簡単に見出すことができる。灯台もと暗しの喩えの通り、それは何を隠そう、地球を彩ってくれる動物たちの身体、そして、今日もせかせか生きなくてはならないあなた自身の身体、そのものなのだ。

歴史を検証するとき、石に彫られた文字や、地中から掘り出される化石からは、朽ち果てた末を見ている印象を受けるのに対し、生きている自分自身の身体に歴史の足跡が残されているという事実は、新鮮なものだ。実際、私がつねに生の動物の身体や遺体に立ち返って取り組んでしまうのは、生体であれ遺体であれ、謎が眼前の肉体の中に埋もれ隠されていることに、感動しているからに違いない。たとえば、一億年前の恐竜の化石を研究するのはとてもエキサイティングな仕事なのだが、私には目の前に横たわるワニの生の遺体の方に、強く惹きつけられてしまうのである。物として認識される対象よりも、あくまでも命ある存在であるか、あるいは直前まで生きている存在であったことが、謎解きの場として理由抜きで楽しく感じられるのだろう。

どうやら、私にとって身体の歴史が面白くて仕方ない理由は、私たちヒトをはじめとして、いまでも生きている動物の身体の仕組みに、その歴史が刻まれているという事実と無縁ではないようだ。

実際、顔にも、手にも、足にも、背中にも、それぞれが背負ってきた脊椎動物の足跡を見つけ出すことができる。しかも、祖先の身体を唯一の材料に、時間を猛スピードで駆け抜けてきたがため、その足跡には、転んだり道に迷ったりした形跡が数知れず残されている。

たとえば、最終的に二本足で歩くホモ・サピエンスになることを目指して魚が陸に上がったわけではないことは、読者の皆さんもお気づきだろう。そんな神や仏が白紙から設計した理想的図面の上に、ヒトが作られているわけではない。どちらかといえば、偶然の積み重ねが哺乳類を生み、強引な設計変更がサルのなかまを生み、また積み上げられる勘違いによって、それが二本足で歩き、五〇〇万年もして、いまわれわれヒトが地球に巣食っているというのが真実だろう。道に迷ったり、転んだり、偶然や勘違いを無数に経てきた私たちの身体は、独特の設計の妙や、意図しなかった成功や、時に改造の根本的失敗まで、見せてくれるはずだ。

これからしばらくの間、身体のそれぞれの部分が経過してきた、形の遍歴に迫ってみたいと思う。いま見られるヒトや動物の身体といえども、厳しい進化をやっとのことで生き抜いてきた小さなパーツから成り立っていることをまず確認してみたい。往々にして、それらは、設計変更や勘違いやミスや失敗や偶然の重なりの上に出来上がっていることが普通だ。そしてその各部分が、一億年とか三億年とか五億年とかいう、それなりの時間を引きずる、成れの果てなのである。

2-2 骨を生み出す

骨の役割

涙なくして読めなかった奥泉光さんの小説に『石の来歴』がある。主人公がフィリピンの死の戦場で出会う名もない石の歴史が、現実世界の無力な人間と交錯していく様を描く日本語は、あまりに壮絶だった。この節の主人公たる動物の骨のヒストリーに、傑作小説のごとく人間個人の運命が絡むことはない。しかし、石と骨は、一見物言わぬ静的な塊であるという印象からは、似たもの同士に思われることがあるだろう。実際、ヒトの骨とは、かくある作中でレイテ島の洞窟に転がっていた石と同様に、深遠な履歴を踏んでいるものだ。

骨は、リン酸カルシウムが作る梁のような構造である。あの丈夫さは、リン酸カルシウムという無機質のなせる業だ。もちろん極端に時間をさかのぼれば地球には骨のない動物たちばかりが生きていたわけだから、進化の途上で、動物が何らかの道筋でこの無機質を見事に獲得したことが推察される。

このリン酸カルシウムの構造体の中には、見た目とは異なって、生きている細胞がたくさん活動をしている。細胞たちは、梁を新たに作ったり、逆に壊したりしている。骨は硬くて、その形は永久不変のように思われるのだが、実際には持ち主の動物が生きている間は、細胞の働きで、リン酸カルシウムの梁が毎日毎日作り変えられ、激しく代謝されていく。成長期の子供が年々骨から大きくなっていくことを思い浮かべれば、骨がどんどん形を変えていくことがあるというのは、うなずける内容だろう。

では、骨が身体のなかで何をしているものかと問われれば、教科書的にはよく二つか三つの答えが載っている。身体の支持、運動の起点、外界からの防御といったあたりが、その答えだ。

まず、私たちヒトは、骨があるから立っていることができる。日々愚痴をこぼして生きているあなたも私もお隣さんも、それなりの質量（重さと考えてよい）をもって生きている構造なのだから、強度がなければ、重力で変形して潰れてしまうだろう。

分かりやすい反例で示そう。アジアの食卓を彩るクラゲたちが水揚げされるシーンは興味深い。あるいは、近年問題の日本海で大発生するエチゼンクラゲでもいいのだが、クラゲたちが形らしい形を見せていられるのは、水中を漂って重力から逃れて生きていられる場合だけだ。彼らは、ひとたび海から揚げられたら、ただの不格好なゼリーの塊と化す。水中で生きる骨のない動物に重力がかかると、たちどころに命運が決してしまうのだ。一方、陸上の脊椎動物には頼れるリン酸カルシウムの骨がある。骨が芯になって身体にかかる力を支えてくれるおかげで、私たちは重力に抗して形を保ち、無事生きていることができる。

次に、力こぶをつくってみよう。誰でもそれなりに盛り上がってくれる腕の膨らみは、上《じよう》腕《わん》二《に》頭筋《とうきん》なる筋肉の塊である。この筋肉は、前章でも登場してくれた肩甲骨から腕に向かって伸びている。肩の関節を通り越し、肘の関節も通過して、たどり着く先は肘の少し下の骨だ。ヒトの肘と手首の間には二本の骨が平行に走っているのだが、上腕二頭筋が目指すのは、親指の側の骨、すなわち橈骨《とうこつ》と呼ばれる骨である。肩甲骨と橈骨の間に張るこの巨大な筋肉を収縮させると、ご覧の通り、肘を曲げる動作をとることができる。もちろん、これはヒトにとって物を持ち上げるときに必須の動作であるし、たまたま前足で体重を支えない私たちはともかく、多くの四本足の動物では、この動きが無かったら、そもそも歩くことができないではないか。

この例で分かる通り、骨の大きな役割は筋肉に付着面を与えて、動物の運動を実現することだ。肩甲骨から筋肉を介して橈骨を引き上げることで、肘が曲がる。もし身体の芯に骨が無かったら、あるひとつの運動を身体全体で完結するべく、身体の各部位の運動の統制をとることは、とても難しくなってしまう。

最後に、私もあなたも、転んでたんこぶをつくりながら無事生きている、という事実を忘れてはいけない。頭蓋骨《とうがいこつ》は、衝撃から脳を守る大事な障壁だ。また、プロボクサーが胸を強打されても大したダメージを受けないのは、何本もの肋骨が鎧《よろい》よろしく並んで、心臓や肺を守っているからでもある。このように、骨は、自分が硬いことを活かして、身体を物理的な衝撃から守る役割も果たしているといえる。

狙いと結果の隔たり

さて、この骨だが、もちろんクラゲやイカや昆虫といった数多の無脊椎動物たちは、私たちと同じ意味での骨を獲得していない。一方の脊椎動物では、先にふれたナメクジウオで考えればいいのだが、私たちの遠い祖先に、初めから骨らしい骨が備わっていたわけではない。ナメクジウオの心棒になる脊索なるものは存在しても、晩のおかずのサンマで見られるような、しっかりした背骨が並んでいる状態ではなかったのである。

では、そもそも骨はどのようにして身体に備わったのだろうか。

古生物学者や解剖学者は、骨の起原をああでもないこうでもないと、かなり濃密に議論してきていて、今でもただひとつの結論に集約できるわけではない。疑ってかかればほころびもあるのだが、大雑把には以下のように考えることができると思う。

太古の魚にとって、生きていくのに必要なミネラルをどう保持するかは大問題だった。とりわけカルシウムとリン酸をつねに安定して身体に供給できるかどうかは、魚の生死の分岐点ですらあった。もし昔の魚が海中を生きていたとすると、カルシウムは海水中にたくさん存在するが、手に入れたカルシウムを生体内のどこにどのようにして蓄えておくかが問われたのである。

一方のリン酸は、たとえば季節によって海水中から得られる量が大きく異なっている可能性がある。普通、リン酸は植物プランクトンに蓄積され、消費者たる動物は、それを食べてリン酸を得る。だが、植物プランクトンは一般に年中平均的に生産されている訳ではなく、短期的でも供給源が断たれたら、魚たちは一気にリン酸欠乏の状況に追い込まれ、生命が維持できなくなってしまう。となれば、リン酸が豊富に得られる時季に大量に蓄え、不足する時季にそれを小出しに消費するようなサイクルが成立していれば、魚にとってかなり都合よいことになる。

カルシウムとリン酸。両ミネラルの需給関係の難しさを一挙に解消する方法として、私たちの祖先は身体のどこかにリン酸カルシウムを貯蔵する場所を備えたのかもしれない。供給量が多いときに、体内にリン酸カルシウムを塊にして蓄積し、外界から得られなくなったときには、備蓄を崩して自前で供給すればいいことになる。

つまり、リン酸カルシウムの梁は、最初から身体を支えたり、運動の起点となったり、身体を保護するためのものではなかったのだ。魚の最初の〝狙い〟としては、リン酸とカルシウムを保持するためにたまたま作り上げた、それ以外には何の役にも立たないミネラルの貯蔵場所に過ぎなかったはずだ。ところが、出来上がったリン酸カルシウムのたまり場は、実際硬くて丈夫で、まさに身体の心棒としてこれ以上は無いほど、高性能の装置だったのである。

進化の常道

リン酸カルシウムが蓄積することと、骨が今のような機能的な形を備えることとの間には、多少の、いや、かなりのギャップはある。しかし、魚ならまず、それまでと違って骨を起点にして筋肉を張ることで、桁違いに運動性の高い身体を獲得したはずだ。分かりやすくいうなら、それまでより速く泳ぐ魚、敵から逃れる敏捷さを備えた魚、姿勢を器用に変えられる魚、泳ぎを細かくコントロールできる魚などが、骨のおかげで誕生し得たことだろう。さらに、骨はただ身体の運動性を向上させただけではない。魚が水中で他の動物と殺し合いをする状況になれば、骨を発明した多くの魚が、骨の鎧で命を長らえたことだろう。そう、胸にパンチを受けたプロボクサーが平然と心臓を守っていられるのと似た方法で。

そして、時間はかかっただろうが、いずれ魚は陸に上がって、四肢のある動物に進化していく。およそ五億年前に生まれただろうリン酸カルシウムの貯蔵棚のような骨格は、魚の子孫が陸上で身体を支えるに至って、こんどは重量に対して身体の形を保つ重要な支持体に化けたはずだ。もともとリン酸とカルシウムの体内配分をどうしておくべきかという苦心の産物が、最後には、陸上で生きるのに不可欠な身体の柱に変貌してしまう。ミネラルの貯蔵庫が、さらなる機能的な骨に豹変した瞬間だ。

このように〝狙い〟と効果が異なってしまったことが、骨の来歴の面白さだといえる。最後に出来上がる形の役割と、その形を生み出した時点での機能が明確に異なっている場合、進化学ではよく前適応《ぜんてきおう》という言葉で、それを説明しようとする。太古の魚がミネラルを保管する場としてリン酸カルシウムの結晶を体内に備えたとするとき、それは脊椎動物の骨の前適応の状態と呼ぶことができるのである。

皆さんは驚いたかもしれないけれど、実は、このように進化の当初の〝狙い〟と最終的に出来上がったものの役割が異なることは、身体の歴史としては珍しい出来事ではない。むしろ、進化の常道とすらいえるのである。前適応という小難しい言葉をむやみに遣うつもりはないのだが、新しく生み出された身体の構造が、当初の〝意図〟とは異なる役割を果たしていくことは、身体の歴史のごく普通の顛末だ。進化とは、新しい動物を白紙から創作することではなく、数々の設計変更が自然淘汰を受けて生き残っていく、継《つ》ぎ接《は》ぎだらけのプロセスなのだ。だから、実際、動物の身体の変遷は、行き当たりばったりの感が否めない。ともあれ、そうした結果オーライでいい加減にすら見える進化が、種族全体に大規模な発展をもたらす様が、地球史の中ではたびたび見受けられるのである。

2-3　音を聴き、ものを噛む

耳小骨入門

乗馬の経験などまったくない人でも、鐙《あぶみ》なるものの形はよく知っていることがある。なぜかというと、高等学校までの教科教育で、鐙にふれる機会は、実際にウマに乗らなくても何回か生じるからだ。たとえば、古文を学ぶと、武士の身の回りのものについての知識が必要となる。鎧も鞍も、そして鐙も、描かれた図か何かで見せられることだろう。現物を使うことや見ることがなくても、知識の一部に加わってくる好例だ。そして、読者の何人かにとっては、中学か高校の理科で教わる耳小骨《じしょうこつ》も、鐙を学ぶ経験のひとつになっているはずだ。実際にウマにつける鐙を見たことがなくても、なんとなく使い道に沿った形をしていることは、誰もが理解する相手だ(図12)。

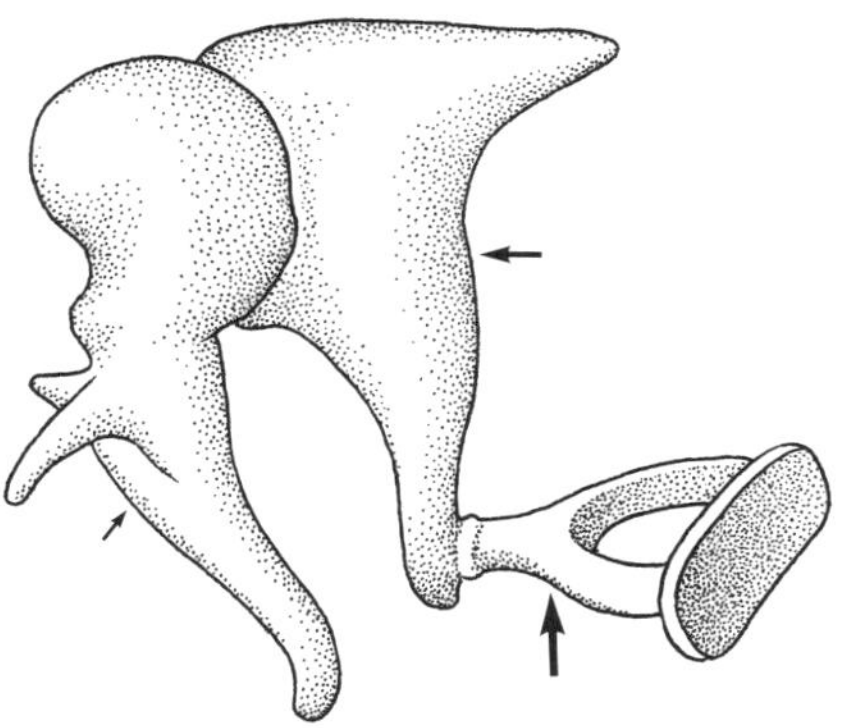

(図 12）耳小骨の模式図。ツチ骨（小矢印)、キヌタ骨（中矢印)、アブミ骨（大矢印）の面々である。虫眼鏡で見るほど小さいこれらの骨は、実際のところ、私たちの身体の歴史を凝縮した、進化の語り部である（国立科学博物館・渡辺芳美氏描画)。

　耳小骨が何をしているパーツであるかは、簡単には以下のように説明できる。音を知覚するべく、ヒトも哺乳類も空気の振動を耳の孔の奥の鼓膜で拾い上げている。空気の振動は、広げられた布のような鼓膜でできる限り拾われるが、微弱な震えを知覚するには、それだけでは心もとない。そこで登場してくるのが、耳小骨である。槌《つち》、砧《きぬた》、鐙《あぶみ》と名づけられたその名の通り奇妙な形状の骨は、鼓膜の振動を受け、てこの原理で増幅し、内耳に伝えるのである。内耳はこの増幅された振動をリンパ液の動きに変えて、最後は電気信号として脳へ伝える。つまりはもともと空気の小さな震えでしかない音を、最終的に電気信号に変換する途中の重要な役割を、耳小骨が担っているということができる。

この、鼓膜、耳小骨、それに内耳のリンパ装置というテーマは、実は進化と切り離して教えられがちだ。医師の卵が必要に応じて学ぶ聴覚系の生理学のような切り口にしてしまえば、教わる学生はヒトの身体の歴史に何の興味ももたなくても、機械的に耳の機能を学んでいくことになるだろう。現実に日本のさまざまな教育の場で、耳は、その歴史性を抜きにして、まるで耳鼻科の初等知識のように教授されてきた。

高等学校の理科だと、少し前に教科書が薄くなり、がんじがらめに作られた学習指導要領の縛りでもって、教室で進化や適応を教えられなくなるという異常事態が生じたことがある。進化にふれない生物学というのは、ダーウィン以前の教会の日曜学校と何ら変わらない退屈な読み聞かせに過ぎないのだが、面白いのは、そうして官製教育が迷走を続けても、聴覚機能というテーマに限定すれば、多くの学校の教室で耳小骨が教えられ続けたことだ。期末試験が来れば、世の中の大半の日本人は、耳の歴史を知らずして、その音を聴く仕組みを知っているかどうかだけは採点されるという、奇妙な〝教育〟が進行してしまったのだ。そうしておけば、〝生徒は耳を理解している〟という教育目標が達成されて、行政も先生も塾も生徒も子供の親も、大満足だからである。

概して、理科教育が合理的な到達点だけを見るようになると、進化は教育内容から真っ先に外される。なぜなら、進化を学ぶことは、すぐには人の生活に役に立たず、お金にならないからだ。医学部の講師が難聴を治療する医師を作ろうという〝教育目標〟をもったら、私がいまから話そうとする耳の歴史を教える必要などなくなってしまう。そういっては申し訳ないが、教育を〝目標〟化した医学や獣医学が教授する解剖学は、例外なく愚かでつまらないものだ。医師が次の医師を生産するという合理的な目的をカリキュラムやらシラバスやらに掲げた瞬間、ヒトの身体を教育することから、徹底的に進化の視点が排除される。

本書はそうした世の愚昧を笑いながら、身体の歴史を読み解いていこう。読者は、お金にならない進化を学ぶ、いまや類まれな幸せな時間を過ごしているのかもしれない。いけない、少し脇道にそれたか。

その場しのぎの進化

さて、では耳の歴史はというと、設計変更の最たるもの、勘違い中の勘違い、まったくその場しのぎで進化しているとさえいえるのである。とりあえず、私たちの耳小骨のひとつ前の姿を見ておくことにしよう（図13）。この図は、ワニの頭部だ。爬虫類の頭が私たちの耳と何の関係があるかというと、何と耳小骨は爬虫類の頭のパーツ、それも顎の一部なのである。耳小骨のうちツチ骨は爬虫類段階では関節骨《かんせつこつ》と呼ばれ、下顎の後方に位置している。また、キヌタ骨は同じく爬虫類では方形骨《ほうけいこつ》と呼ばれ、こちらは上顎の後方に存在する（図14）。爬虫類では関節骨と方形骨が接続して、顎の蝶番《ちょうつがい》をつくっているのだ。

注意してほしいのは、ワニそのものが哺乳類やヒトに進化していく祖先というわけではないことだ。しかし、私たち哺乳類の耳小骨が、少し古い同朋の顎の部品から作られていることは確かだ。私たちの耳は、なぜこんな型破りの進化を引き起こしたのだろうか。

いま信じられるストーリーは、哺乳類が聴覚を研ぎ澄ませていくなかで、耳小骨のパワーアップを必要としたというものである。陸上の古い脊椎動物にとって、いまの哺乳類よりも、頭が地面に近いということがいえるだろう。先のワニを考えてみれば、ご存知の通り、頭はほとんど地面にこすり付けるほど低い位置にある。ワニは、音を聴く手段として空気の弱い振動を一生懸命拾わなくても、顎を地面に付けてさえいれば、直接地面を経由して外界の震えを集めることができるのである。たとえば、自分の近くにいる他者の足音は、何も空気を介して知覚する必要はないだろう。地面の振動を直接自分の頭部に伝えてしまえば、あとは

（図 13）ワニの頭骨を右側面から見た。この動物は爬虫類の中でも顎関節がよく見えるので、耳の歴史のよい教科書になる（国立科学博物館収蔵標本）。

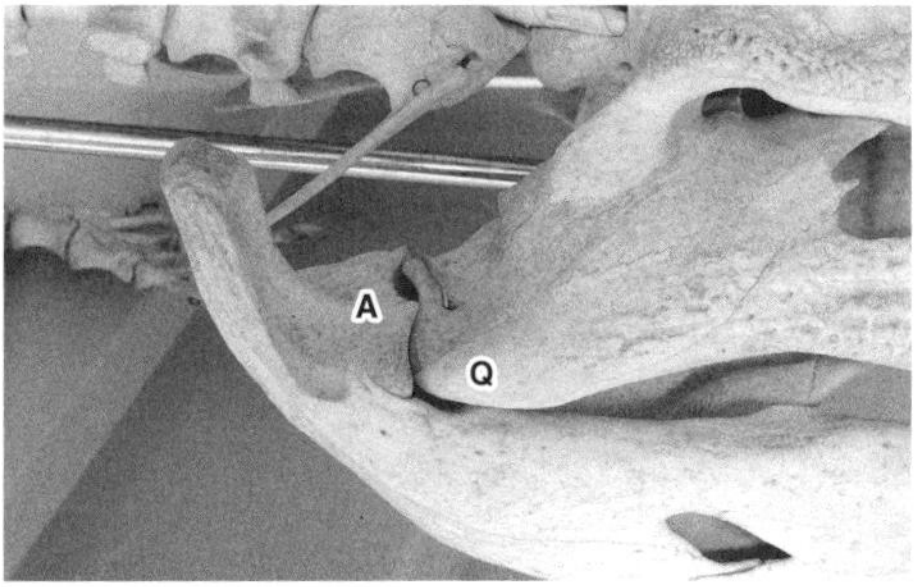

（図 14）図 13 のワニの顎関節を拡大したもの。上顎の方形骨（Q）、下顎の関節骨（A）で、顎の関節の蝶番をつくっている。哺乳類の系統においては、この二つの骨は、進化の歴史の渦に巻かれて変転を遂げていく（国立科学博物館収蔵標本）。

内耳がそれを脳に伝えてくれるはずだ。もちろん、その方法でヒトの話し声をクリアに認識しろと要求されたら難しいかもしれないが、生きていくための最低限の情報収集なら、鼓膜と耳小骨に高性能の部品を備えておく必要はなかったのである。

ところが、私たち哺乳類のなかまは、耳も頭骨も、接触すべき地面からは、遠く高い位置に引き上げられてしまった。イヌでもシカでもネズミでもサルでも、カエルやカメやワニやトカゲほど、地面に頭を這わせるような真似はしない。なぜかといえば、おそらくこれは、哺乳類の四肢の作りと関連しているからだろう。哺乳類は、より速く走り、あるいはより上手に木に登るために、四肢を胴体の真下で垂直に立てる必要があったと考えられているのだ。ワニの四肢が胴体の真横に伸びているのはご存知と思うが、タヌキでもウシでもクマでも、ワニに比べたら、四肢を地面に対して垂直に立てて、身体も頭も高い位置に置いていることが明らかだ。かくして、哺乳類は音に関連した情報を、接触式で地面から吸い上げることができなくなり、徹底的に空気から集めざるを得なくなったのである。そこで登場してくるのが、耳小骨だ。耳小骨を三つ揃えて、高性能の音の増幅装置を備えておけば、微小な空気の震えをしっかりと感知することができるであろうから。

狙われた顎の骨

ここで哺乳類の耳小骨の一つ、アブミ骨にあたる骨は、ほかの二つの耳小骨とは別に扱っておかないといけない。アブミ骨に当たる骨は、私たちの祖先が魚だったころは、舌顎骨《ぜつがっこつ》と呼ばれ、舌弓《ぜっきゅう》という鰓の前方で顎を支える装置の一部になっていた。三億七〇〇〇万年くらい前に脊椎動物が陸上に上がり始めると、頭の骨が作り変えられ、この舌顎骨はアブミ骨と呼ばれる存在に進化する。アブミ骨がいつごろ本格的に聴覚に貢献しはじめたのかは、あまりよく分かっていないが、内耳ができてくる場所にある骨なので、外界の振動を内耳に伝えるにはちょうどよい位置にある。

いずれにせよ、どうやら哺乳類で初舞台を踏む他の二つの耳小骨に比べて、聴覚装置としての歴史はずっと長いようだ。爬虫類の段階になると、アブミ骨は鼓膜の内側で増幅器として成立し、音をよく聴くための装置として十分に機能している。鼓膜の方は、どうやらそれぞれの動物が独自に、つまり勝手に作っていったらしいので、この本でその歴史に深入りするのはやめておこう。ここでは、アブミ骨の来歴が、キヌタ骨やツチ骨のそれとは異なるということだけ理解していただければ十分だ。

実際、多くの爬虫類はアブミ骨だけでしっかり音を聴くことができたのだろう。ところが、中にはそれだけでは音を聴く能力に〝満足しない〟連中も現れた。私たち哺乳類の祖先だ。私たちの遠い祖先は、よりよく音を聴くために、二つ目三つ目の耳小骨を欲しがることになった。だがそんなものを、無から設計するわけにいかなかったのだろう。進化の歴史はまた行き当たりばったりに材料を探し出して、新たな役割を与えるという設計変更に頼る。もとい、この場合、〝暴挙〟といっても過言ではないだろう。およそ二億年前の初期の哺乳類が白羽の矢を立てたのは、まだ顎の蝶番を作っていた関節骨と方形骨である。この蝶番のペアを顎関節から〝ヘッドハンティング〟し、耳の奥に送り込めば、理想的な耳小骨の機能強化が図られるのである。大雑把に考えて五〇〇〇万年くらいの時間を要したことだが、初期の哺乳類は、上顎側にあった方形骨からキヌタ骨を、下顎の後端についていた関節骨からツチ骨を作り上げてしまうのだ。新しい耳の材料として、手近にあった顎の関節の骨を使うという〝発想〟は、優れた機械を設計する工学エンジニアのセンスとは、まったく異なっている。私たちの祖先の乱暴な形作りには、確たる理念は見出せないだろう。むしろ、新しい耳の材料に顎関節が選ばれた理由を探すとすれば、単に、顎の蝶番から耳の奥までは、〝目と鼻の先〟といってもいいくらいすぐ近くだからだということしか、考えられないくらいだ。

こうして、またもや初期の〝狙い〟とは異なる役割を果たすパーツが、私たちの身体に加わったことになる。関節骨と方形骨は、あくまでも頭の一部として、それも上下の顎を接続する重要なパーツとして存立したはずだ。それが時間とともに耳の奥に閉じ込められて、鼓膜の微かな震えを拾うためのテコに化けてしまったのだ。進化とは、かくも予測外のことを平気でやってのける。しかもその結果は大成功で、出来上がった耳は、聴覚装置として哺乳類の生存と発展を二億年以上支える、重大な使命を果たし続けているのだ。

結果オーライの大成功

ところで、顎から有能なパーツを引き抜いて聴覚装置が洗練されるのはいいとして、この場合、顎を引き抜かれた哺乳類は、そのままではものを噛むことができなくなってしまう。関節のない顎では、まったく絵にならない。そこで、哺乳類は顎からパーツを引き抜くと同時に、まったく新しい顎の蝶番を、またしても設計変更から生み出すことに成功している（図15）。

つまり、あなたの顎の関節は、たとえばワニのような爬虫類のそれとは、構成しているパーツがまったく異なっているのだ。哺乳類の顎の正体は、上顎は方形骨ならぬ鱗状骨《りんじょうこつ》、下顎は関節骨ならぬ歯骨《しこつ》だ。では、哺乳類のこの新しい関節の材料は何かと問われれば、答え

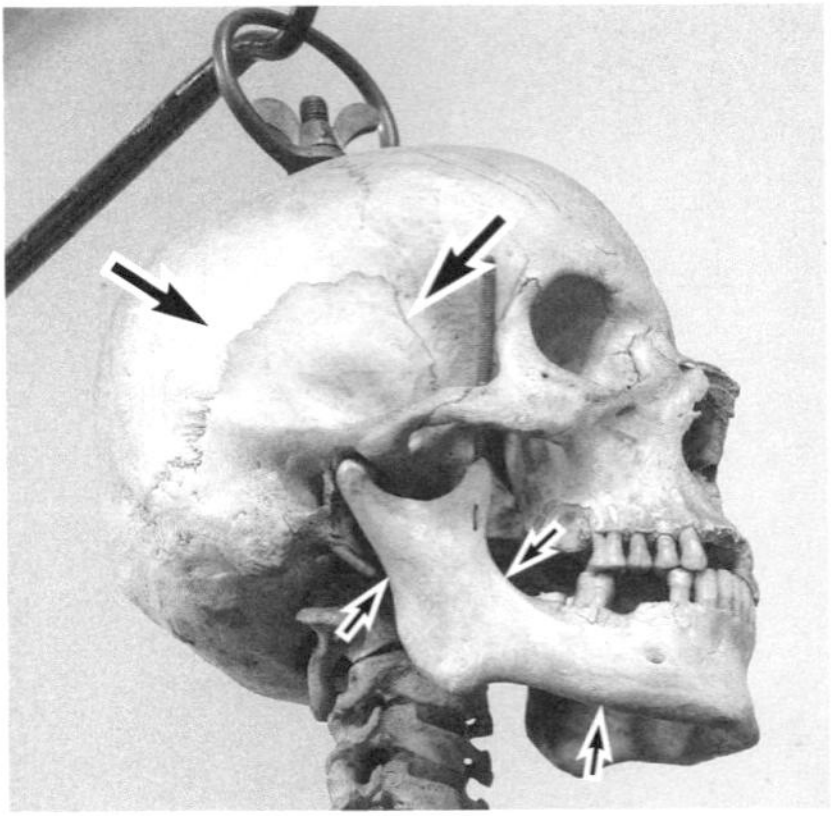

(図 15) 私たちヒトの顎関節。上顎側は鱗状骨(側頭骨)と呼ばれる骨(大矢印)から、下顎側は歯骨とされる骨(小矢印)から、関節の蝶番が出来上がっている。同じ顎関節でも、前の図のワニのような比較的古い脊椎動物と比べると、構成するパーツはまったく異なるものだ(国立科学博物館収蔵標本)。

は単純だ。

鱗状骨も歯骨も、もともとからある頭骨と下顎の一部なのだ。鱗状骨はしばしば側頭骨と呼ばれる骨の一部でもあるのだが、要は、頭骨の脳を収納する部屋の側面にあったパーツ。歯骨とはこれまた読んで字のごとく、下顎の歯を収めるために古くから作られていた、いわば下顎の大部分を占めてきた重要な骨だ。哺乳類は、それまでの蝶番専用の骨を、耳をパワーアップするために召し上げた代わりに、新たに必要となった蝶番は、それまでにあった頭骨と下顎骨の一部を変形して対応させてしまったのである。大事なのは、この二つの進化はほぼ同時に起こらないと困るということだ。なぜなら、つねに動物は物を噛んで食べていなくてはならないからだ。たとえ耳をよくすることがどれほど大事だとしても、顎の蝶番は片時でも失われてはならないのである。

こうして完成していった顎関節は、ツチ骨やキヌタ骨に負けず劣らず筋違いの使われ方をしていることになる。元来側頭骨は脳の側面を守り、一方の歯骨は下の歯を生やすために生まれてきた骨だったはずなのに、いつの間にか、蝶番役をあてがわれているのだから。だが、それで何か問題があるどころか、哺乳類の多様なものの噛み方を支える優れた蝶番として進化と多様化を続けてしまった。解剖学の世界では、「哺乳類は物を噛む脊椎動物だ」という言葉すらある。それほどまでに、哺乳類の新しい顎関節は、さまざまな食べ物を有効に咀嚼する、臨機応変で万能な装置だ。結果オーライであろうが、設計変更であろうが、勘違いであろうが、哺乳類の顎と耳の作り変えの歴史は、見事に大成功を収めたといえるだろう。

さて、これからは、三時のお茶に煎餅を齧ったり、CDで楽曲を楽しんだりするときに、ちょっとだけ自分の身体の歴史を振り返ってみてはいかがだろうか。あなたの顎の関節と、耳の奥の小さな骨たちは、ご先祖様がまったく予測しなかった使われ方でいまを生きる、成れの果てのパーツたちに他ならない。そんな継ぎ接ぎだらけの部品に囲まれながら、あなたは地球の歴史のほんの短い一瞬を、それなりに生きているのだ。

顎をどうプレゼントするか

耳と顎関節を見てみたが、勢いでもう二億年くらいさかのぼることにしてみよう。やれ耳小骨だやれ顎関節だということ以前に、私たちが口を取り囲むような顎を手にした、そもそもの経緯を探っておこうではないか。

ご存知の脊椎動物には、いまでも顎のないものが存在している。ヤツメウナギ、メクラウナギといった連中がそれだ。無顎類《むがくるい》と呼ばれる仲間である。彼らにも口はもちろんあるのだが、それはただの穴が身体の先端近くに開いているというだけで、その周囲に顎なる枠が無いわけだから、ものを噛むことには適応していない。当然、食物を砕いたり、大きな獲物、動きの速い獲物に噛み付いたりすることは、彼らには困難ということだ。

では、彼らに顎をプレゼントするにはどうすればいいだろう。最初に目的を設定するならば、口を取り囲む位置に、丈夫でよく動く枠を設計することになる。もちろん、いずれはそこに歯を並べれば、獲物を獲って噛み砕くという、生きていくためにとても便利な装置ができあがることになる。口の孔そのものは、脊椎動物の最初から頭の腹側寄りに開く筒として起こっているから、顎を作るとなると、頭部の腹側を周囲から覆うような構造になるだろう。実際に歴史でも、脊椎動物はこの作戦をとる。そして、ここでまた脊椎動物は、得意の設計変更に突入していく。

まずは、顎のない最初の状態を想定しよう。そういわれても困る人は、ヤツメウナギを考えればよい。もし生きているヤツメウナギを見たかったら、漢方薬を売っている店の軒先で見世物になっていることがあるので、〝ウインドウショッピング〟がお勧めだ。顎のない彼らにとって、口の孔のすぐ後方に控えている構造は鰓である。頭の後方に八つも並んでいるのは、目ではなくて、鰓の孔だ。鰓蓋でよかったら家の水槽の金魚や鯉にもあるぞ、という人はそれを見てくれてもいい。金魚にはもちろんすでに顎ができているのだが、いまから持ち出す話を理解するには、金魚を見てくれるだけでも大助かりだ。

古い魚たちが顎を作る材料に選んだのは、なんとこの鰓の一部だと考えられている。もちろん、顎は頭骨《とうこつ》と連結したかなり大きな構造であるので、すべてが鰓の要素を材料にしているると特定されたとはいいがたく、今後の分子発生学の研究が、興味深い顎の起原を明らかにはしてくれるだろう。ともあれ、顎の形成には、間違いなく、鰓構造が関与している。鰓というのは、魚が水中から酸素を取り入れるための装置、つまりは呼吸器官だ。

念には念を入れて、前章の名優、焼かれたサンマにカーテンコールを送ろう（図16）。これは、食卓上の時間を巻き戻して、図11に至る少し前の段階の写真だ。顎を破壊してはあるが、

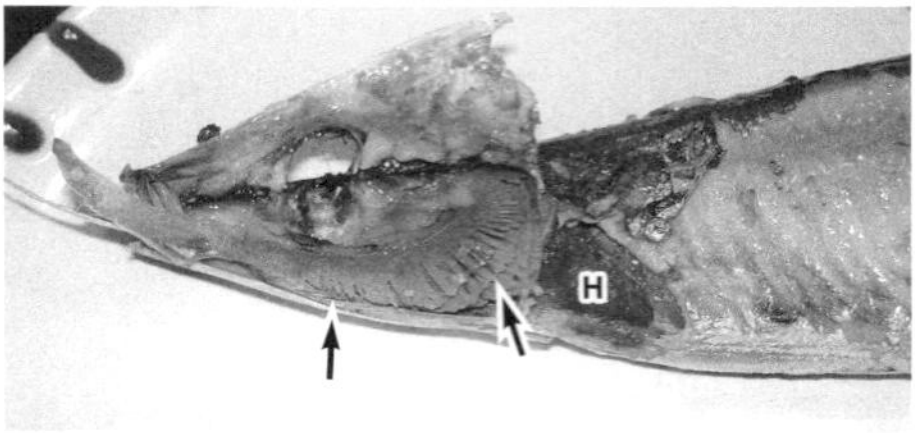

（図16）図11のサンマで、まだ鰓（矢印）を破壊していないときの状態。左側の頭部表層と顎を壊した段階だ。鰓は緩い弧を描く骨格要素に支えられているが、いかにも下顎と同じような位置に、似た形を見せることがお分かりだろう。鰓周辺の構造は、顎を生み出すには格好の材料だったらしいのだ。Hは心臓。

心臓の全体を見ようとして鰓をバラバラにしてしまう前の写真だ。だから心臓は全体像が鰓の陰に隠れている。鰓は、焼いてしまうと、くすんだピンク色に見えていると思う。ギザギザに見える突起が鰓だ。魚はここに口から水流を通して、水の中から酸素を体内に取り込んでいる。問題はこの鰓全体がどこにどのような形で存在しているかということだ。

　鰓といっても血液に酸素を取り込む部分は、もちろん血管をたくさん通す軟らかい組織だが、鰓全体の構造は、この軟らかい部分を支持する骨格の柱があって、強度を保っている。こうした、鰓を支える支持骨格の部分やそれが作られる組織全体を指して、専門用語で鰓弓《さいきゅう》という。

　図16でこの鰓周辺の構造をよく見てほしい。目の腹側に弧を描くように伸びた鰓は、複雑な鰓構造を支える柱であることが分かるだろう。大人の魚で見ると鰓を支える硬い支持体になっているあたりが、大雑把にいうと、鰓弓に相当する部分だ。鰓弓という言葉が難しかっ

たら、とりあえず読者は鰓の周辺と読み替えてくれていても構わない。

想像力に富んだ読者は、ここで気づくことがあるだろう。鰓弓があるのは目の少し後方で少し下（腹）側。もちろんすぐ近くには水を取り入れる口が開いている。となれば、つまり、鰓弓はまるで下顎のすぐ後方の位置にあり、しかもかなり下顎と似た形をして見えないだろうか。

話の相手がサンマの丸焼きなのはとても乱暴なことかもしれないが、反面、この秋の味覚は、鰓が下顎に似た形で、しかも似た位置にあることを示すには、意外にいい教材である。

鰓を拝借

ここで、脊椎動物に顎が無かった時代を思い浮かべてみよう。口の孔は開いているが、そこに開閉する顎構造は存在しない。口の周囲を見れば、そこには顎よりもはるか昔から存在する鰓弓（鰓）が陣取っている。鰓弓は効率よく水から酸素を得られるように、左右に何枚も同じ構造を作り上げている。もしこの鰓弓の前方部分、つまり口の孔に近い部分に蝶番が生じて、しかも筋肉でもって意のままに開閉できるようになったとしたら……。

歯の有無などは、さしあたり大した問題ではない。まずはその動物は、口の孔の周囲に、開け閉めできる扉をもつことになるではないか。観音開きを左右ならぬ上下にしたような実に便利な扉が口の上下に備わることになる。顎構造の上半分は、もともとあった頭の骨と一体になり、上顎が出来上がる。専門用語では、口蓋方形骨《こうがいほうけいこつ》などと呼ばれる、頭の一部となっている構造だ。一方、下半分は、鰓弓のパーツを使いながら、下顎へと発展していけばよい。

先に歯の有無は問題ではないと書いたが、こうなれば後は、上下の顎の縁に、鋭い歯を並べていけばよい。歯を並べることがなぜできるようになるかというのは答えの難しい疑問だから、とりあえずは棚上げでもよいだろう。とにもかくにも、鰓弓のパーツを使って作り上げた下顎が、蝶番で上顎との間に関節を作る。そしてこれを自在に開閉する筋肉が配置されたことで、顎のある魚が出来上がるのだ。

ここで、鰓は呼吸に関わる装置であったことを思い出してほしい。ということは、呼吸装置を構成する鰓弓が、咀嚼・消化装置である顎のパーツに化けてしまうという、またしても渦巻いたのは、激しい設計変更の嵐だ。設計変更といえば聞こえはいいかもしれないが、ここに至っては、いくらなんでも鰓への無理強いだろう。そもそも呼吸装置として設計してしまったものが咀嚼に使われるくらいなら、許されるなら何も無い白紙に向かって設計を始める方が、はるかに優れた咀嚼器官を生み出しそうな気がするではないか。

だが、本当に大事なのは、そんな設計者の無理を責めることではないのだ。むしろ驚くべきことは、大幅な設計変更を介してまで、新たな機能を獲得していくことができるほど応用力に富んだ、もともとの脊椎動物の原設計の存在だ。ナメクジウオがあまりに優れているから、私たちの身体はこんな真似をしても平気でいられるといえる。基本設計が格段に優れているからこそ、個別の、たとえば呼吸装置の一部を顎に作り変えるような、部分部分の設計変更が、可能となっていくのだ。

迷いの跡

ところで、鰓の支持体が上下の顎になっていくというこのセオリーは古典的なもので、テーマ自体が長く議論の場を生んできたといえる。たとえば、そもそも顎のないヤツメウナギのような魚と、普通に顎を備える魚類の両者の間で、鰓が歴史的に本当に同じ由来をもっているかどうか（相同と呼ばれる概念だ）が、大事な問題の一つとされてきた。現にヤツメウナギと顎のある魚類とでは、鰓弓（ここでは鰓の支持体となる骨格という意味）がどのように鰓の軟らかい部分を支えているかという内容がずいぶんと異なっていて、安易に鰓全体がどんな動物でも相同だというべきではないと疑われてきている。

また、一口に鰓周辺の構造といっても、それができるのに関与するいくつもの遺伝子の発現パターンは複雑で、単純に鰓弓の全体が顎に化けたというのは、事実より単純化した物語になってしまう。関連して、縁膜《えんまく》という、ヤツメウナギやほかの顎のない脊椎動物で鰓に水流を送っているポンプの方が、その後の顎の相同物だという説も投げかけられてきた。

それに、ヤツメウナギなどの身体をよく見てみると、鰓弓から顎を作ったというこの古典的な説は、大事なことを忘れている事に気づく。というのも、そもそも、顎のない脊椎動物の鰓弓を前後に並べてみれば、口に近い〝鰓弓〟と後ろの方の鰓弓は、顎のない段階ですでに形が違っているのだ。だから、口に近い鰓が顎に化けるといっても、顎に化けた部分は、端《はな》から鰓とは違うものではないか、という指摘が成立するのである。

しかし、いくつもの欠点があっても、顎の由来に鰓弓周辺の構造が少なからず関わるというセオリーは、確実に多くの正しいことを言い当てている。身体が次の身体を得ていくときに、祖先の身体の強い制約に縛られながらも、祖先の身体の材料を使いながら、新しい形と機能を獲得していく、という感覚で進化の歴史を眺めるとよいだろう。読者には何よりも、設計変更とか設計図の描き換えという事態を、〝歴史の遊び〟くらいの感覚で楽しんでもらえれば、事実から大きく隔たった理解にはならないこと、請け合いである。

さて、ここで、ただならぬ事態に読者は気づきはしないだろうか。先に、私たちヒトの耳小骨が祖先の動物の顎関節の一部だという話を進めてみた。キヌタ骨とツチ骨には、方形骨と関節骨なる祖先の顎関節が、設計変更を受けて無期限で貸し出されていた訳だ。かくある顎関節要素は、さらに四億年前までさかのぼれば、鰓弓に関連するパーツだった可能性が高い。ということは、鰓の一部が顎となり、またその顎の一部が耳の奥の骨の部品に化けているではないか。つまり、耳小骨の歴史をたどると、基本体制で呼吸器官、顎をもつ魚の段階で咀嚼器官、最後に哺乳類として発展する際に感覚器官と、五億年ほどの間に、三つの機能を渡り歩いたことになる。

もちろん、鰓弓の発生や中耳の進化史には、どんどん異論も生まれてきている。この先も検討が続けられると、解釈に大きな変更が生じるかもしれない。しかし、鰓や顎や耳の歩んできた道は、相当に手の込んだ設計変更を繰り返した、脊椎動物の迷いの跡であるということは、確かだと考えられる。

2-4　四肢を手に入れる

手足の誕生

だんだんと私たちの身体のパーツの一つ一つが、覚束ない足取りで歩んできたことにお気づきだろう。左様、身体の歴史はけっして立身出世の目出度いサクセスストーリーではない。リストラや不景気の波にもまれながら、職を転々と渡り歩いては食い扶持を得る。そんな懸命な生き方を繰り返して、それぞれの部品が持ち場の責任を果たしているというのが、的確なイメージかもしれない。

さて、頭部に近い話を続けたので、ここからは、頭からかなり遠いところにあって、かつとても重要な装置を取り上げておきたいと思う。しばらくの間追いかけるのは、道を歩くにも、オフィスでパソコンを叩くにも厄介になる、あなたの手足の履歴だ。

干上がった地面をムツゴロウよろしく這い回る魚の様が、上陸して地上を歩き回るようになった脊椎動物の、最初の姿に近いといわれる。手足が無くては、どう考えても不自由だったに違いないが、ここでは、そんな状態に陥った私たちの先祖が、四肢をどのようにして作

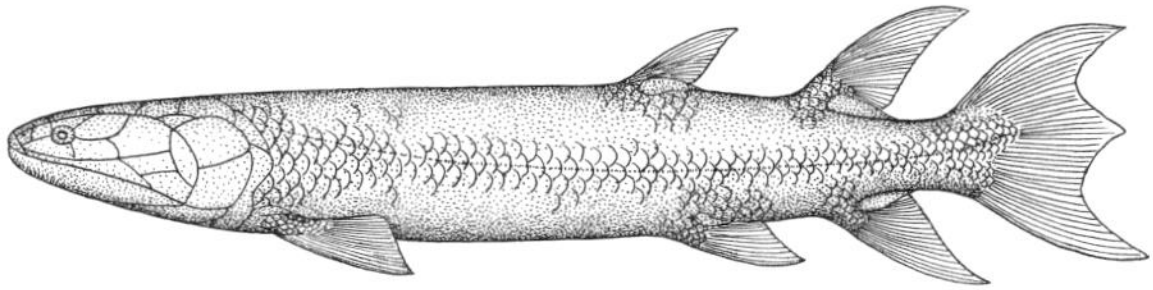

（図17）ユーステノプテロンの復元図。4億年から3億5000万年くらい前の間に、このような一部の魚類から、四肢をもつグループが派生した。脊椎動物の上陸直前の姿である（国立科学博物館・渡辺芳美氏描画）。

り出したのかという疑問に答えてみたいと思う。

四肢を作ることに関しては、耳を顎から作るほど明瞭な筋書きはない。というのも耳の場合のように場所的に近いところから好都合な材料を選択してみようという訳にいかないからだ。四肢にはすぐには適当な材料を思いつくことができないのである。

だが、残された化石のおかげで、四肢ができていった経過をある程度追跡することはできる。大雑把に時をさかのぼれば、およそ三億七〇〇〇万年前の話だ。当時のどうしても避けて通ることのできない二つの動物に、ここで登場してもらうことにしよう。ユーステノプテロンとイクチオステガである（図17、図18）。有名なところでは、前者にはパンデリクティス、後者にはアカントステガという、似たなかまが記録されている。また、二〇〇六年に話題になったのは、彼らとほぼ同時代の、ティクターリクという四肢をもつ少し前の階段の魚類だ。

私たちが想像するのが難しいのは、実をいうと、最初に四肢を

（図 18）イクチオステガの復元図。四肢が確認されるもっとも古い動物のひとつだ。前図のユーステノプテロンからここまで、あまり〝距離〟はないはずだ（国立科学博物館・渡辺芳美氏描画）。

備えて地上を歩き回った栄誉あるイクチオステガの方ではなく、むしろ四肢を生み出す直前のユーステノプテロンの方だろう。ユーステノプテロンは絵に描いてしまえば、何となくハンサムな、魚らしい魚の感じのする格好いい生き物だ。これが、満を持して上陸寸前にある特殊な動物だといわれても、なんのことやら。とりあえず誰の目にも、れっきとした魚に見えるばかりだろう。しかし、このユーステノプテロンの対になった胸鰭《むなびれ》と腹鰭には、なんとも画期的な装置が組み込まれていたのである。

というのも、このユーステノプテロンのなかまは、胸鰭と腹鰭の内部に、ひとつの軸を作りながら放射状に広がる立派な骨が備わっていたのである。いまよく見られる普通の魚の鰭は、たとえば皆さんが生きた金魚や焼いたサンマで見ているように、扇子のように平行に近く並んだ多数の細い支柱を備えていて、そこに軟らかい膜を張ったようなつくりになっている。ところが、ユーステノプテロンの仲間は、鰭の中に主軸となる骨格を生み出し、その骨格を軸にして、いくつかの小さな骨が広がっていく形になっているのだ（図19）。そして、極めつきは筋肉だ。並んだ骨の間に複雑に筋肉が走行し、骨どうしの位置関係を筋肉で動かし、鰭の形を変え、鰭のあらかた全体を回転させることができたと考えられるのである。

実際、筋肉の塊をもつ鰭は、普通の魚の薄っぺらな扇子状の鰭と異なり、肉厚である。学術用語的にもなかなかセンスある名称を与えられて、この仲間は肉鰭類《にくきるい》として、私たちが思い浮かべる一般的な魚類からは、類縁的に遠く離れたグループとされてきた（正確には、両生類、爬虫類、哺乳類といった、しっかりした四肢をもつ脊椎動物すべてを広い意味で肉鰭類と呼ぶのだが、ここでは、便宜的に、魚類の中で肉質の鰭をもつグループだけを肉鰭類と呼ぶことにする）。

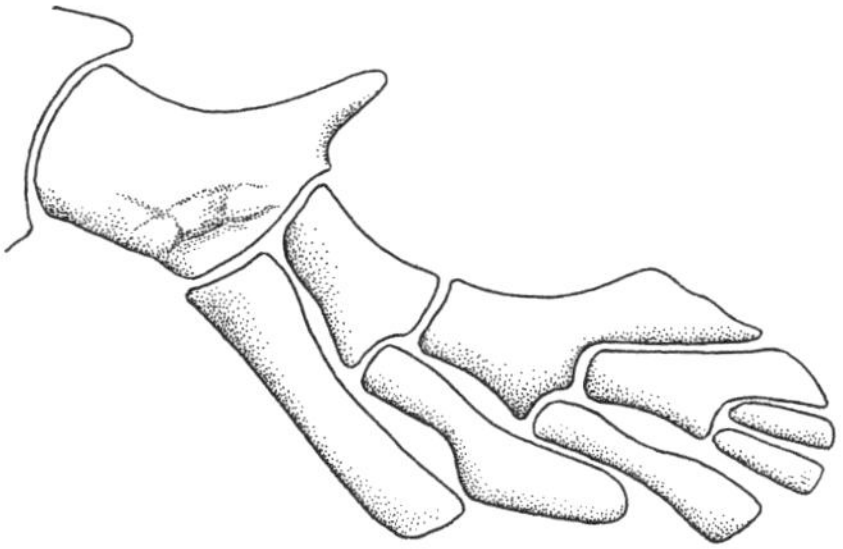

（図19）図17のユーステノプテロンの胸鰭の骨格を復元してみた。骨が主軸をもちながら広がっている。生きていたときにはこの骨の間に筋肉が張り、後の動物の前足のように骨の運動が微妙にコントロールされていたことだろう（国立科学博物館・渡辺芳美氏描画）。

起こったことを結論として述べてしまうと、骨と筋肉を伴ったこの鰭が、体重を支える四肢に化けていくことは、さほど困難なことではなかったようだ。実は、昔の肉鰭類の鰭に骨があったところで、肩や腰の構造は、まだほとんどできてはいない。しかし、硬い骨で鰭の心棒が出来上がってさえいれば、それを支柱にして水から身体を陸上に引きずり出すことができたのかもしれない。鰭や身体の形はまったく異なるが、肉鰭類でない魚類でも、ムツゴロウのように干上がった水辺で身体を地上に上げて移動することがある。ああいった段階を何千万年か経過すれば、重力に抗して体重を支えて運動する四肢が肉質の鰭から誕生し得たと考えられるのである。

もちろん、現実のユーステノプテロンはまだ完全な魚であって、鰭のなかに骨があっても、それで地上をトコトコと歩くわけではない。最大の謎は、完全な魚類であるユーステノプテロンにとって、鰭の内部に複雑な骨と筋肉を作るような真似が、なぜ必要だったのかという点だ。その答えは、ユーステノプテロンの泳ぎ方を実際に見てみれば解決することだろう。

ところが、ユーステノプテロンのなかまはすべて絶滅し、地球上に生きた姿を残してくれていない。私たちは、この魚のよくできた鰭が、一体どのような働きをするものであったかを、目で見ることができないのである。

（図20）シーラカンス（ラティメリア・カルムナエ）の標本と私。マダガスカルのアンタナナリボ大学の廊下で。この奇妙な魚は、マダガスカルからさほど遠くないコモロ共和国の近海に生息することが知られている（アンタナナリボ大学のご協力による）。

奇跡的発見

しかし、まさに奇跡のような出来事だが、たった一種だけ、ユーステノプテロンに似た鰭の使い手が、いまも地球上に生き残っているのだ。私たちが頼れるその相手とは、私といっしょに記念写真に収まる奇怪な被造物である（図20、図21）。読者も名前くらい聞いたことがあると思うが、その魚こそ、シーラカンスだ。

シーラカンスは、西部インド洋のコモロ諸島近海と、インドネシアの周辺という、地球上のかなり離れた二箇所で生息が確認されている。名前は広く知られているとはいえ、よくよく見ると、奇妙千万な形の持ち主である。実は、シーラカンスというのはこの連中を幅広く指す大雑把な呼び名で、いま生きている種は、発見者ラティマーの名をとって、ラティ

（図 21）図 20 の標本の胸鰭部分に寄って見たもの。魚の鰭でありながら、どことなく陸上動物の前肢を思わせる肉厚の作りだ（アンタナナリボ大学のご協力による）。

メリア（*Latimeria*）という立派な学名をもらっている。ともあれ、こちらのラテン語は読者にはなじみも無いだろうから、しばらくの間はシーラカンスという片仮名書きで、この魚を語ることにしよう。

最初に気をつけなくてはならないのは、シーラカンスそのものが四肢を備えて陸に上がった張本人ではないということだ。前に名前を出した、ユーステノプテロンなる魚やイクチオステガなる四肢を作った最初期の動物は、シーラカンスと直接の縁があるわけではない。従兄弟というか、遠い親戚というか、似てはいるがまったく同じ仲間ではないという程度の魚だと理解してくれれば、ちょうどよいだろう。実際、ユーステノプテロンの直系でなくとも、シーラカンスの重要度に傷がつくことはない。というのもユーステノプテロンの同類や、イクチオステガの仲間が、はるか昔に完全に滅んでしまって、化石を調べる以外に研究のしようがないことと比べると、シーラカンスなら、血が通い鰭が動く生きた個体が、実際に見られるからである。

実は、シーラカンスのグループも、ユーステノプテロン同様、遠い昔に完全に死に絶えたと信じられていた。最後のシーラカンスのなかまが生きていたのは白亜紀で、恐竜といっしょに滅んだものと信じられていたのである。そのシーラカンスが生きていることが確認され、コモロから学界に報告されたのは、わずか七〇年ほど前の一九三〇年代のことだ。その衝撃は、ティラノサウルスやトリケラトプスが生存していたというのと大差ない、あるいはそれ以上に脊椎動物の研究史を塗り替える重みをもつものだ。

たとえば惑星科学でいうと、土星なり天王星なり小惑星なり、望遠鏡で遠目に見るしかなかった惑星たちのすぐ間近に探査機が到達し、一機の探査機で過去一世紀分の発見が覆されることが実際にある。化石が突然生き返るに値するシーラカンスの発見は、そのくらいに意味の大きなことだといえる。

またもや設計変更と勘違い

かくして登場したシーラカンス。その手羽先ならぬ骨付き鰭の機能は、その後潜水艇によって生きたシーラカンスの泳ぎが生で観察されて、脊椎動物の四肢の起原に関する重要なアイデアを生み出していくことになった。というのも、潜水艇から撮られた生きたシーラカンスの動画は、彼らが骨のある鰭を巧みに操って、器用な運動制御を行う様を映し出してくれたのである。流れのある海中を、ホバリングと表現されるように、鰭を複雑に回転させて姿勢を保ち、静止したり、あるいは非常に遅いスピードで細かい移動を繰り返したりしているのだ。

先に、前適応という言葉を少しだけ導入してみた。シーラカンスの泳ぎには、まさにこの言葉が適当だ。ユーステノプテロンは、ちょうどコモロのシーラカンスが自慢げに見せてくれたように、骨付き鰭を器用に動かして、水中で他の魚にはできない姿勢の制御や、手の込んだ遊泳をしていたことが想像される。そういう器用で特殊な泳ぎが、たとえば餌を採るとか、敵から身を隠すときに役に立ったのかもしれない。つまりは、骨付き鰭が、たとえ陸を歩くような完全な四肢に進化していなくても、十分に水中で意味ある機能を果たしていたことが推測されるのである。

これは、またもや、設計変更と勘違いである。四億年前の魚類は、なにも陸の上に新たなフロンティアを目指して、骨付き鰭を開発したわけではない。水中でちょっと凝った運動をとることを要求されて、それに応じた答えが、ユーステノプテロンたち肉鰭類では、たまたま骨付きの精巧な鰭だったのだろう。ただそれだけのことだったかもしれない。ところが、骨付き鰭は、その何千万年か先に、四肢というとんでもない可能性をもった装置を、かなり容易に生み出すことのできる魔法のパーツだったのだ。ユーステノプテロンがどこかの水の中でちょっと奇妙な鰭を開発したとき、彼らの子孫は、陸を歩くという輝かしい未来を約束されてしまったのである。ホバリング用遊泳鰭の設計図を描いてみたら、それは何のことはない、陸地の覇権を握る四肢の初期の姿に到達しつつあったのだ。

一九九〇年代から、古代の脊椎動物がどうすれば鰭を四肢に作り変えることができたのか、そのメカニズムの研究が分子発生学的に進められてきた。主要な方法は、腕や手首や掌を作る遺伝子を見つけ出していくことだ。たとえば、九〇年代半ばの仕事でいうと、四肢の進化に関与していると疑われる特定の遺伝子の機能をマウスを使って実験的に阻止すると、実際に腕の骨が形成されないことが証明される、といった手法が、基本的・教科書的な研究の仕方である。

発生学のデータは、古生物学の証拠が分子生物学と結びつく、実に楽しい世界だ。実際、四肢の進化に関しては、遺伝子の機能という観点で、実態がかなり明瞭に見えてきている。

私の人生の意義は遺体から目と手で新しい事実を見つけ出すことにあるのだが、ピンセットや刃物で遺体に挑む人間が分子発生学の新しいデータにふれるときの感動は、標準的な分子発生学者のそれより激しいものがあると確信できる。なぜならば、遺体をしっかりと見て、形とはどういうものであるかを、実際に目で見て、指で触って、知ることに命を懸けているからである。全身全霊をもって感じてきた身体の形の、分子発生学的理論基盤が構築される様子を見たとき、解剖する者だけが感じられる、一種独特の悦びがあることは間違いない。

さて、この辺で、四肢を語る節をとりあえず切り上げたいと思う。ここで最後に、あなたの身体がいかに安直な設計変更の産物であるかを、いま一度肝に銘じるのは無駄ではないかもしれない。とにかくお日様に腕でもかざしてみることをお勧めしよう。あなたの腕は、紆余曲折はあったとしても、四億年ばかり前に、地球のどこかで水から這い上がりかけていた奇怪な魚の、なぜか肉厚の鰭のなかに生じた小さな骨のパーツだったのだ。けっしてそれ以上に綿密に図面を引きながら、こしらえ始めたものではないのである。

2-5　臍《へそ》の始まり

カメの臍

人間は、もちろん、死ぬときまで臍をもつ。一〇〇歳のお年寄りの遺体にも、はるか昔に母親の胎内で育まれたことを証明してくれるかのように、しっかりと臍が残る。臍とくれば、やはり生みの親、〝おふくろさん〟を思い浮かばせるものだ。臍は、妊娠しながら赤ん坊を育てる哺乳類のシンボルとして、あるいは母性を思わせる象徴として受け取られている、ちょっとお目出度い存在だ。

ところが、事実はまったく奇妙である。臍は私たち哺乳類の専売特許ではない。カメにも立派な臍があるのだ（図22）。正しくいえば、爬虫類も鳥類も、みな臍をもっている。小中学校の理科の優等生だと、ここで混乱に陥るかもしれない。爬虫類や鳥類は卵生、つまり卵で生まれてくるから、赤ちゃんと母親との間には、けっして臍帯《さいたい》の連絡はないはずだ。それなのに生まれてきたカメに臍があるとは、まったく解《げ》せないではないか。

だが、脊椎動物の歴史をたどると、意外にも明確な答えが見えてくる。臍とはそもそも、

（図22）カメの赤ちゃん。まだ甲羅の長さ4センチほど。甲羅の裏に立派な〝臍〟が見える（矢印）。臍から伸びる部分は、ブヨブヨの袋だ。まるでつぶれたゴム風船のよう。このカメの赤ちゃんたちは、かつて東京水産大学の学生としてカメの発生を研究していた薬王紀香さんが苦心して集めたものだ。

妊娠する、つまり胎生の動物が成立する以前から備わっているものなのだ。カメの赤ちゃんの図をもう一度見て欲しい。私たち哺乳類の赤ちゃんの臍帯が、電気コードのように細長い管であるのはご存知と思うが、このカメの臍の部分から連なるのは、かなりブヨブヨしたそれなりに大きな袋として写っている。種を明かせば、この袋の正体は卵黄嚢《らんおうのう》なるものだ。そんな難しい言葉が嫌ならば、卵の黄身と考えてくれて差し支えない。つまりは、カメやトカゲやニワトリやハトの赤ん坊の臍は、母親につながっているのではなく、卵の黄身につながっているのだ。

ここで、読者には常識というか、感性の転換をお願いしたいと思う。残念なようだが、臍の相手はいつも心優しい〝おふくろさん〟というわけではないのである。脊椎動物にとって、臍のつながる先は、あくまでも卵の黄身だ。私たち哺乳類のように母親の子宮とがっちり結びつくコードになることは、最初から臍の緒の設計図に描かれていた訳ではないのである。

臍の緒を見て母親の愛情に感じ入るのは、強いていえば人間が作り出した母性への思い入れのようなものだ。動物が生きるための戦略からすれば、赤ちゃんは無事育てばいいのであって、臍のつながる相手は、何も愛情あふれる母親である必要はないのである。もともと、カメやトカゲを考えれば、産み落とされた卵は、母親とは明らかに別物である。卵として外界に放出されたら、あとは母親の生涯ではなく、あくまでも赤ちゃんの一生なのだ。だから、赤ちゃんは育つための栄養のほとんど全てを、卵の殻の中に自前で用意する。それが卵黄嚢だ。ついでにいうと、赤ちゃんとて、老廃物を出しながら生きている。たとえば身体を成長させていくには蛋白質を代謝していなくてはならないから、窒素を含む産物として、アンモニアや尿素が不要物となって現れる。赤ちゃんがこれらの不要物を捨てていく袋が、卵黄嚢の隣に作られる尿嚢《にょうのう》という袋だ。

この卵黄嚢や尿嚢を赤ちゃんと連結しているものこそ、臍の起原といってよい。具体的に卵黄嚢や尿嚢と赤ちゃんをつなぐのは、血管、すなわち動脈と静脈だ。動脈と静脈をペアにして太い送電線のように伸ばしたものが臍の緒であり、切れれば腹部に臍として残るものだ。つまり、臍とは、あくまでも、栄養と老廃物を入れておく袋が、赤ん坊に連なっている管を指すのである。

空前の設計変更

さて、何を思ったか、私たちの遠い祖先が、この構造に目をつけた。もし歴史年表をさかのぼるなら二億年くらい前の話だろうか。子どもを卵として産み出してしまうと、どうしてもそれは強い敵の餌になってしまうだろうし、無事育たない可能性も高くなる。そこで、ある程度しっかりと成長するまで、卵を体内にとどめてしまおうとする者たちが現れたのである。もちろんそうなれば、母親から胎子《たいじ》に十分な栄養や酸素を送り、逆に胎子からゴミを母親に返す〝ライフライン〟が必要になる。

読者はこの考え方にそろそろ慣れてきたころと思うが、ここで哺乳類が取り掛かったのは、そのライフラインをまったく新しく設計することではなかった。手近に存在するパーツに、またまた空前の設計変更を加え始めるのである。哺乳類の先祖が目をつけたのは、それこそ、卵の中で赤ちゃんを自律的に養ってきた卵黄嚢と尿嚢だ。哺乳類は、まず、卵の卵黄嚢や尿嚢を必要最小限にまで退化させた。そして、もともと栄養源を供給していた卵黄の代わりに、胎盤という恐ろしく巧妙な装置を無理矢理につなげたのである（図23）。つまり、黄身の代わりとなる母親の子宮壁に差しこむべき、いわば電気コードのプラグに相当する装置として、胎盤を用意したことになる。

となると、妊娠あるいは胎生という驚異のメカニズムにおいて、哺乳類が新たに作り出した装置は、子宮、というか、胎盤くらいであることに気づく。卵黄嚢と尿嚢ができ、それがオリジナルな臍でもって赤ちゃんとつながった段階で、基本の設計は八割がた完了している。

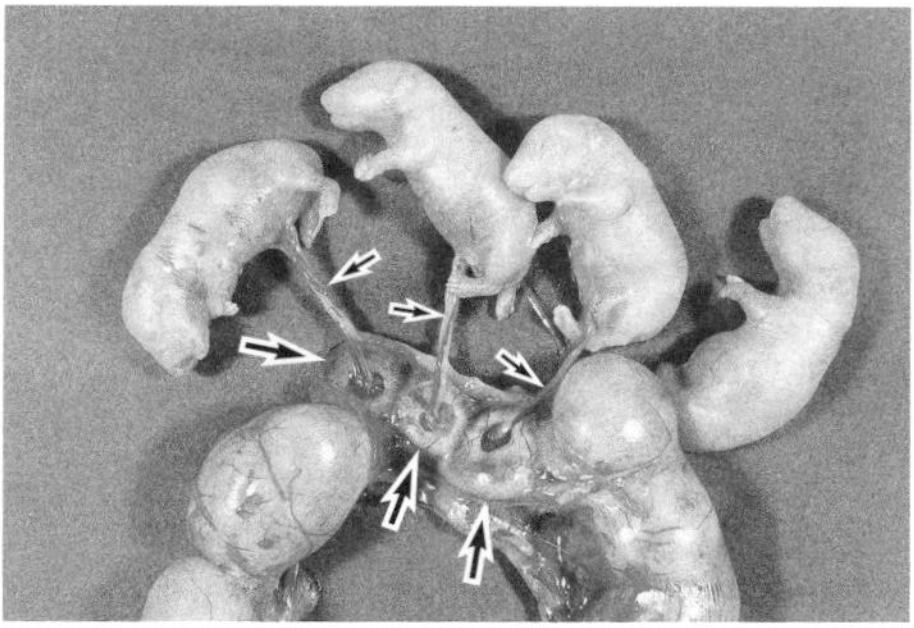

（図23）ラット（ドブネズミ）の胎子と胎盤（大矢印）。胎盤は、切開された子宮の内側の壁に出来上がっている。両者をつなぐのが臍帯（小矢印）。もともと卵黄を目指して伸びていたはずの臍の緒は、連結する相手を、胎盤という母親の子宮壁にできる装置に切り換えたことになる（『哺乳類の進化』東京大学出版会より転載）。

あとは不要になった卵黄を撤退させれば、妊娠なるものは成立してしまったのである。

確かに胎盤を発明するのはそれなりに大変だったかもしれない。胎盤は赤ちゃん側の組織・細胞と、母親の子宮のそれが、複雑に混ざり合う〝連結器〟だ。両者の血液や組織を壁一枚くらいの隔壁で接触させて、酸素や栄養、老廃物をやりとりする。親子とはいえ異なる遺伝学的基盤をもつ細胞が混ざり合い、片時も休まずに物質のやりとりをするのだから、巧妙な仕組みではある。だが、ライフラインとしての臍は、

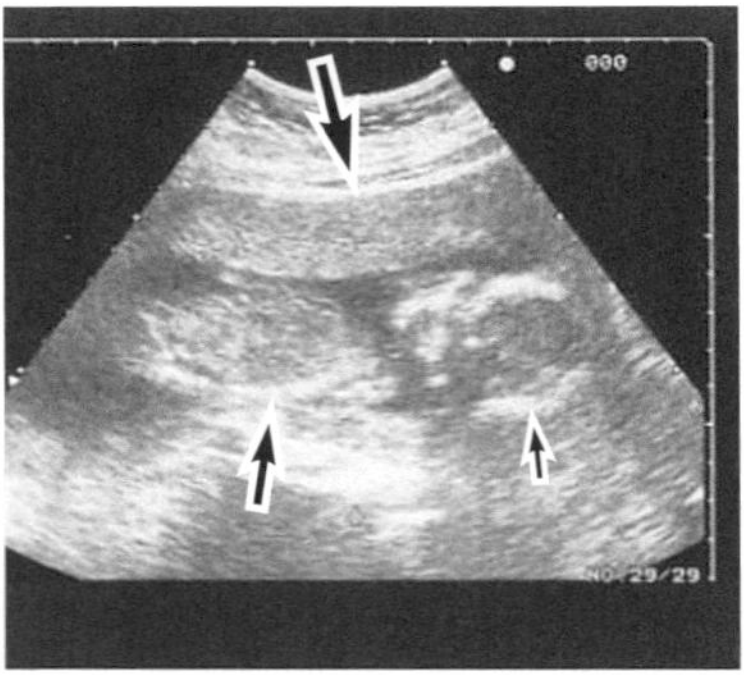

（図24）私の長女が子宮内に居たときの超音波像である。頭からお尻までまだ長さ20センチくらいのときのものだ。小矢印の部分が顔で、どうやら読者の方を向いているようである。中矢印が胴体部分を、大矢印が胎盤周辺を指す。

爬虫類の段階で概略が確立されていたと考えるなら、これもちょっとした既存装置の設計変更の産物でしかない。要は黄身を母体に切り替えるだけだ。

もちろん、茹で卵でご存知の殻など、完全な胎生を獲得すれば無用の長物である。カルシウムの殻を消滅させることなど、進化の歴史の中ではいとも簡単なことだったろう。とにもかくにも、こうしてできた設計変更の産物は、私の赤ん坊をもちゃんと作り上げてくれている（図24）。だから、お臍に敬意を表することにしよう。たとえそれがカメの卵にだって見られる、どうってことない血管の成れの果てであっても。

改造品の傑作

ここで、臍を作ることに関連したイベントについて、少し補足しておこう。年代をさかのぼればおよそ三億年前になるだろうが、卵に起こった革命的な進歩について語っておきたいと思う。

まずは、普通の魚類や両生類の卵を思い浮かべてみよう。多くの場合、彼らの卵はかなり乱暴に水中に産み落とされる。つまり卵はずっと水の中に置かれている。逆にいうと彼らの卵は、乾燥する環境を念頭に置いたものではない。ところが爬虫類以降の脊椎動物は、全生涯を水中生活から切り離すことに成功している連中だ。皆さんはあまり意識しなかったかもしれないけれど、爬虫類の卵も鳥類の卵も、丸ごと水に浸けておかなくてもちゃんと赤ん坊が生まれてくる点では、魚卵とは大違いだ。

卵の側からすると、赤ちゃんが乾燥を切り抜けるというこのハードルは、相当高いものだったらしい。ついに彼らが苦心して編み出した方策は羊膜である。羊膜という袋に、赤ちゃんを閉じ込めて、その袋の中で、ある程度大きくなるまで発育させることで、胎子期の水からの分離が可能となった。つまり、卵を取り囲む環境が水浸しでなかったとしても、肝心の赤ちゃんを水の袋に入れておけば、赤ちゃんが干からびて死ぬことは防げるのである。臍を産み出していくプロセスで、脊椎動物は、羊膜で赤ん坊を水の部屋に閉じ込めるという変革を経たことになる。動物の全生涯を水から切り離し、乾燥を耐え抜ける卵に変えていくという歴史の流れが、臍の成立の前提条件だったといえるのである。

赤ちゃんが主役に躍り出た手前、乳腺のことに少しだけふれておこう。乳腺の起原を、私たちはカモノハシやハリモグラという、奇妙な獣たちに求めることができる（図25）。皆さんも小学校の理科の時間に教わったかもしれないが、オーストラリアとニューギニアに暮らすこの奇妙な獣たちは、今生きている哺乳類としてはもっとも原始的な部類だ。哺乳類であるにもかかわらず、卵を産む。そして孵化した赤ん坊は、かなり原始的な乳腺にかぶりついて育つ。実はこの乳腺が、これまた、侮れない改造品の傑作だ。彼らが材料に選んだのは、祖先が汗を分泌していた汗腺である。

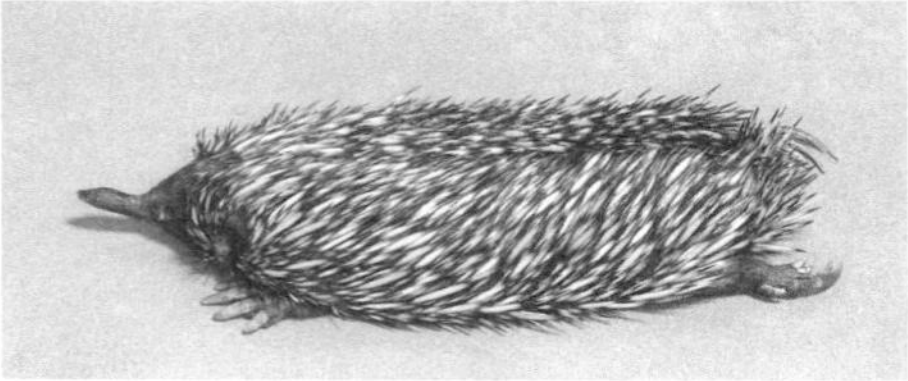

（図25）ハリモグラの研究用剥製標本。オーストラリアやニューギニアで、地味に暮らす連中だ。浮世離れしたユーモラスな外貌とは裏腹に、汗の腺を設計変更してミルクを出す乳腺を作り出すという離れ業を演じている（国立科学博物館収蔵標本）。

そもそも汗腺は、周囲に細い血管をたくさん配置して、血液中の老廃物を汗として外部へ廃棄するための仕組みだ。ここで汗腺の設計思想をちょっとだけ変更して、老廃物の代わりに栄養分を皮膚の表面から分泌して、それを赤ん坊に飲ませればよい。それだけで、もう乳腺は出来上がりである。栄養物を分泌するための新しいマシンを、特許つきで考案する必要などまったくないのだ。事実、カモノハシたちはいとも簡単に、乳腺の原型を開発してしまった。もちろんその単純すぎる構造は、ネズミやイヌやヒトに見られるような、栄養に富んだミルクを大量に作り出す優秀な乳腺のつくりとは、まだ差があるといえるだろう。しかし、祖先の構造を間借りして新たな機能を創設してしまうのは、脊椎動物の常道であることがよく分かる。ここまで来ると、進化とはそのくらいに行き当たりばったりであるという事実に、読者もすっかり慣れてしまったのではないだろうか。

2-6　空気を吸うために

左右対称を崩す

やたらと作り変えが繰り返される私たちの身体。本節の主役は、学校や職場の定期健診でレントゲン写真を撮られるあの肺である。まずはその実物を、ブタの乾燥標本で見ておこう。最初は心臓が見えやすい側から見てみよう（図26）。ブタが生きていたとすると、この角度は、ちょうど胸部を地面の側から見上げた感じのものだ。ブタの臓器を見慣れている読者は多くはないだろうから、物珍しさが先に立つかもしれないが、進化が設計変更だという本章のテーマに照らすと、実は含蓄にあふれた構図なのである。というのも、心臓も肺も、かなり左右非対称に見えるのではないだろうか。

ここでヒラメなどを思い浮かべるのは偏屈な読者だ。いくらなんでも脊椎動物は、普通、外見は左右対称であるし、きっとそうだと高等学校でも教えられたのではないだろうか。確かに脊椎動物も初期の時代はかなりきれいな左右対称だ。いま生きているもので探るなら、たとえば多くのサメの仲間は、完全ではないにせよ、身体の中心を通る面、いわゆる正中《せいちゅう》で切れば、ほぼ半分ずつの対称な身体が切り出されてくる。前章でふれたナメクジウオとかピカイアと呼ばれる原索動物でよければ、もっと完全な左右対称である。ところが実をいうと、脊椎動物の多くは、設計変更と改造を繰り返した挙句、一皮剥がしてしまえば、滅茶苦茶といってもいいくらい左右非対称の身体をもつことになってしまったのである。その典型が、哺乳類などの高等な脊椎動物の胸部臓器なのである。

小中学校以来、心臓は左右に分かれた計四つの部屋を備えていると教わってきたと思うが、それは実際に心臓が左右に対等に分割できるという意味ではない（図26）。大きくて力のある左心系に対して、まるで間借りするかのような薄っぺらな右心系が同居している。この角度から見ると、斜めに溝が走って、そこに動脈が這っているのだが、この溝が心臓の左右を大まかに分けてくれる境目となっている。つまりは、心臓は左右にきれいに分かれる訳ではなく、単なる思いつきのような斜めにひしゃげた設計になっている。肺は、この角度から見ると左右で大きく形が異なることがよく分かる。肺というのは、肺葉《はいよう》と呼ばれる木の葉のような形のいくつもの部分に分けられるのだが、この肺葉の数、形、大きさは、左右でまったく異なっているのである。

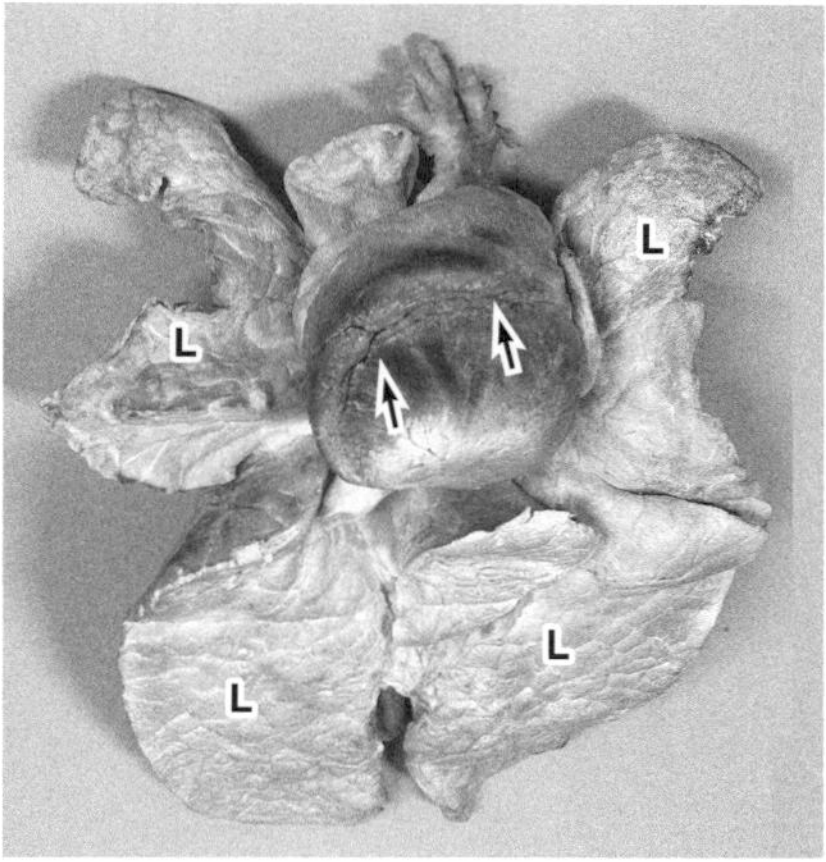

（図 26）実物のブタの胸部臓器を心臓の側から見た。心臓には動脈が這う斜めの溝（矢印）が走っていて、左右対称性などまったく見られない。複数の肺葉（L）も左右非対称で、心臓を囲んでいるように見える。これは、実際の臓器を乾燥させて作った標本だ（日本大学生物資源科学部・木村順平博士のご協力による）。

背中側に回ってみよう（図27）。心臓の左心室から起き上がってくる大動脈は、心臓自体が斜めであることに引っ張られて、最初からひどく斜めに偏っている。そして、頸部や前肢の領域に、これまた左右不均一なパターンで動脈の枝を出しまくった挙句、身体の左側を這うようにして、後方に向かうではないか。なぜこれほどまでに、私たち哺乳類の身体が

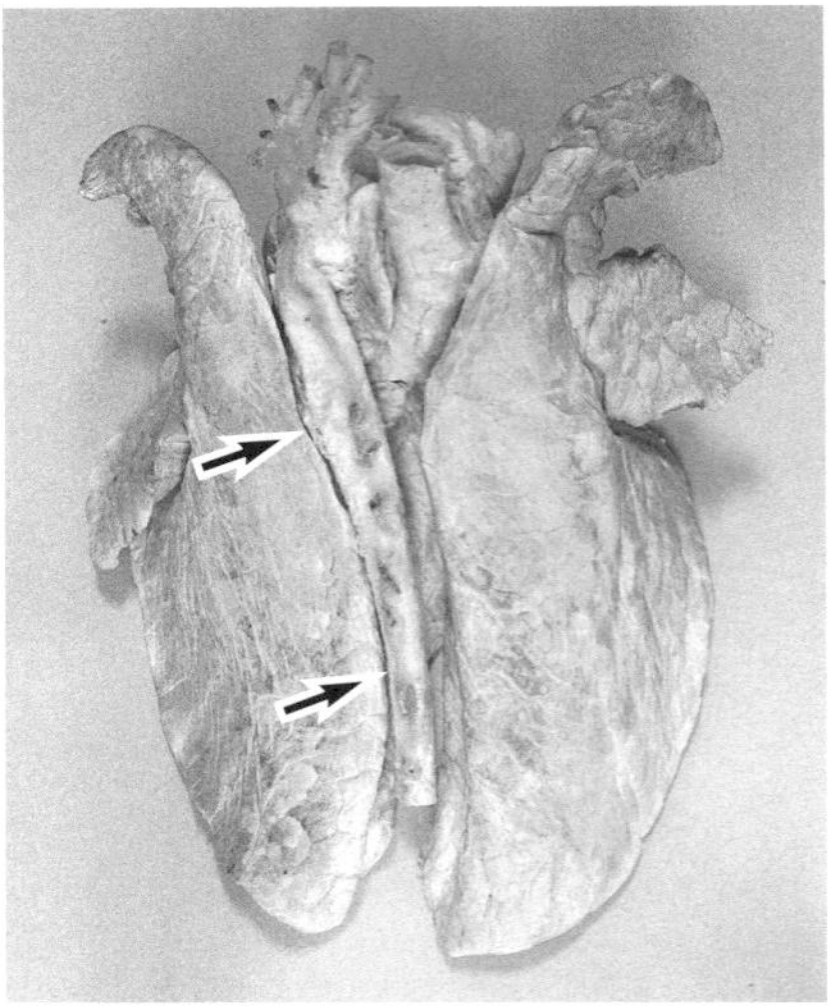

（図27）図26の臓器をブタの背中側から見た。大動脈（矢印）が身体の左側を走っている。祖先の動脈の左サイドだけを採用してつくられているのだ（日本大学生物資源科学部・木村順平博士のご協力による）。

左右のバランスを崩していなくてはならないのだろうか。

もちろん、脊椎動物の五億年の歴史の中で、左右対称性を崩していった出来事は、心臓以外にも無数にあるだろう。けれども、この肺と心臓の均整のとれていない形は、あまりにも直接的に歴史を語ってくれているという印象がある。実際、脊椎動物がどう酸素を取り入れて、血液を流すかという作戦は、身体の左右対称性を継ぎ接ぎだらけに壊しながら、改良に改良を重ねて作り上げてきたものなのである。異様ともいえる左右非対称の設計変更。ここはしばらくの間、肺を例に、私たちの身体を滅茶苦茶に配置換えしていった過程を見ていくことにしよう。

空気を喰う袋

ここで、図鑑のページやペット商の店頭ですっかり知られている、ちょっと変わった魚類、ハイギョ（肺魚）に登場願おう。ハイギョも今日では珍しい肉鰭類の魚の一群だ。ただし、ユーステノプテロンとは進化学的に異なるグループで、ハイギョの鰭をいくら見ても四肢の元になるような骨が見つかるわけではないし、シーラカンスのように器用に鰭を動かして姿勢を制御する魚でもない。ただ普通の魚類に比べれば、小さくても確かに筋肉質の鰭を備えていることは外貌からも見て取れる。いまも生きている肉鰭類の魚は、シーラカンスを除けば、このハイギョたちだけということになる。

ハイギョのなかには、乾燥の著しい地域に棲む種類がある。彼らは、季節によっては水が干上がるところで生き残らなければならない。酸素が溶けた水さえあれば無敵の呼吸装置である鰓は、一歩水が干上がれば、無用の長物。そこで、ハイギョは、次善の策を編み出すのである。

ハイギョは、空気を「喰う」のだ。酸素を水からではなく空気から捕まえようとするならばいくつかの方法はあるだろうが、まるで餌を摂食するように空気を食べればよいことに気づかされる。ただ問題は、餌は消化液でドロドロにして消化管壁から吸収すればいいだけなのだが、気体の酸素や二酸化炭素は腸の壁を介して大量にやりとりできるものではないらしい。腸はあくまでも腸であって、消化した食物は吸収できるが、それとガス交換の二兎は追えないのだろう。そこでハイギョが採った方法は、消化管、実際には食道の一番前の方、大雑把に咽頭と呼ばれる領域から枝分かれし、ムニュムニュムニュという感じで膨れ上がる軟らかい袋を作ったのである。その袋の周囲に多めの血管をあてがい、袋の壁越しに血流を広げておく。そして、口で喰って袋に届いた空気から血中に酸素を取り込むのである。気体状の酸素を相手にする専門的な袋を、消化管の壁に付け加えたことになる。実は、これこそが肺の初期の姿である。

ハイギョ同様、魚なのに肺をもつ魚類に、ポリプテルスというアフリカの熱帯に分布する魚類の小さなグループがある。興味深いことに、ポリプテルスはシーラカンスやハイギョやユーステノプテロンのような肉鰭類ではなくて、むしろ棘や針のような支持体で鰭を支持する普通の魚類に含まれる仲間だ。ポリプテルスは四億年ほど前の化石が見つかるいわゆる古代魚だが、系統の古さから、どうやら魚類が肺を獲得していく経過を示すヒントが、ハイギョと並んでこのポリプテルスの肺にあるのではないかと注目されてきた。

一方で読者は小中学校で、鰾《うきぶくろ》という言葉を聞かされたかもしれない。鰾それ自体は、魚の比重調節装置だ。鰾に空気をいれれば魚は浮きやすくなり、空気を抜けば沈みやすいことになる。もっとも、実際の魚の浮沈はこんな面倒な空気の出し入れをするよりも、鰭で泳いで水面や水底を目指す方が手っ取り早いのではあるが、ともあれ、この装置で身体の比重を変化させる意義は少なくない。空気の出し入れは鰾の周囲に分布する血管が担っている。勘のいい読者はお気づきと思うが、血流を使って空気を出し入れするということ自体が、陸上動物の肺とほぼ同じ概念を満たしている。

ちょっと前に汗腺にふれたとき、老廃物を血流から皮膚の表面に捨てるという機能が、栄養分を体外に分泌する乳腺と本質的には同じ働きであることを示した。同様に、装置は異なるが、鰾と肺はともにガス交換という同じ現象を引き起こしている。鰾は比重調節というまったく異なる役割ながら、ガスを血液中に出し入れするという意味では、肺と類似したメカニズムなのだ。実際、鰾を使ってある程度のガス呼吸を行っている魚は珍しくない。

鰾も、肺と同様に、消化管から飛び出た袋のようなものである。それゆえ、鰾が先に進化を遂げ、それを肺に作り変えたのだという説が古くから出されていた。しかし、肉鰭類のハイギョも普通の魚類に近いポリプテルスも同様に肺を備えることを見ると、肺が魚類の進化のかなり古い根元で共通に獲得されて、その後で一般的な魚類の系統に新しく鰾が広まったと考える方が妥当だろう。古さの順序に並べたとき、鰾が先で肺が後だというのは誤りで、鰾の方が魚類の比較的新しい持ち物だという歴史的事実が見えてくる。

実際のところ進化を扱う解剖学者が興味をもつのは、出来上がるのが肺であれ鰾であれ、口から物を食べて吸収する道筋である消化管に別の役割を担わせ、魚類の歴史のかなり早い段階で、「空気を喰う」ということが実現されていることである。空気から酸素を獲得することは、鰓を使って水中からのみ酸素を得るよりも、はるかに生き方の幅を広げたに違いない。現に、ハイギョやポリプテルスが見せてくれるように、水が減って干上がるなり、水中の酸素が欠乏するなりしても、口から食べた空気から壁越しに酸素を取れれば生き延びることができる。申し訳程度に消化管に添えられた小さな空気と血管の袋が、脊椎動物の可能性を飛躍的に伸ばしたことは間違いない。空気から酸素を獲得することは、魚類が肺と鰾という二パターンの袋をもって成し遂げた、消化管のもう一つの利用目的の歴史なのである。

左右バラバラの身体

ピカイアやナメクジウオが想定した鰓なる呼吸器官は、全身を循環する血液が必ず通過する場所に初めから位置づけられていた。心臓が一つありその血流に曝される鰓さえあれば、彼らは生きていくことができた。つまり鰓を使っていたころは、全身をめぐってきた酸素の乏しい血液をすべて心臓が受け、その血液のすべてを鰓を通して再度全身に送れば、酸素に富む血が身体中をめぐってくれた。心臓も一つ。鰓も一塊。この状態で主たる酸素収集装置として鰓を使っている生きる以上は、左右対称性を崩す理由は何もない。脊椎動物の最初の設計は、そのくらいに美しく単純なものだったのである。

ところが困ったことに、肺が機能を高めていくと、それは、単純で美しい脊椎動物の左右対称の設計図にとって未曾有の脅威となった。肺を使ってガス交換をするために、専門化したもうひとつの血の流れを作らなければならなくなった。肺はもともと消化管の一部が膨らんでできる全身の器官の一つでしかないのだから、ガス交換された酸素に富んだ血液の供給源としては設計されていない。左右対称のままでは、全身を循環する血液の一部しか、肺には流れてくれないのである。肺に向かう血管系をこのままに放置したら、肺はガス交換の役割を、早晩十分に果たせなくなることは明らかだった。

この要求を満たすべく出来てきたのが、右側の心臓だ。肺だけのために独立したポンプを付け加え、酸素を使い切ったすべての血液を、全身の循環から隔離してここに流し込むのである。経緯からして、右心系は左心系に間借りする小さなシステムに過ぎない。できることならもう一つ、肺循環だけの心臓を別個に作る方がむしろよかったかもしれないのだが、私たちのご先祖様は、既存の鰓の後方にあった心臓を、肺循環のためにも借用してしまう。発生してくる心臓の筋肉を、左心と右心で分け合うと同時に、肺に向かっていた血管を、その機能を満たすレベルにまで、太く丈夫に作り変えなくてはならなくなった。

前章でふれたように、もともと原索動物あるいは脊椎動物の最初の設計図においては、心臓からの血流は、鰓を通りながら背中の方へ向けてU字状に折り返すものだった。そして、身体中に血液を左右対称に供給するルートが作られていた。逆に全身からの血液が戻ってくる静脈にも、美しい対称性が成立している。しかし、肺ができ、心臓が非対称となった。そして、左心系から出て行く大動脈は、祖先で左右対称の鰓を通って背中へ折り返していた動脈の、片側だけを都合よく使うようになった。ついには、ブタで見られるように、身体の左側だけを使って、血液を通すようになったのである（図27、前掲）。

肺を本格的に使うようになったことがきっかけで、心臓を左右非対称にしなければならなくなり、同時に血管をも非対称にしなくてはならなくなった。こうして肺をめぐって左右バラバラの、改訂版の身体の図面が出来上がってしまった。大切なのは、心臓も肺も、水から上がるというイベントに応じて、白紙から設計し直されはしなかったということだ。肺にすべての血液を還流するために思いついたように右心を付け加え、基本設計にあった左右対称の動脈や静脈を都合よく左右バラバラに採用して、血流路を確保してしまったのである。

新たに背負うことになった肺なる厄介者をどう処理するか。その問いへの答えが、美的デザインとしては意味をなさないほどの、左右バラバラになった身体を作り上げることだったといえるだろう。ヒトや哺乳類の遺体で内臓の配置を見ると、行き当たりばったりの設計変更も、相当追い詰められている気さえする。

「よくぞこれで生きていられるな」

というのが、半分冗談ではあるが、身体を見る私の率直な感想である。

実は、循環系の左右対称性を混乱させる要因には、ほかにも膵臓やもろもろの臓器・器官の動静を語らなければならないといえる。胸部というその部位やガス交換という特定の機能に着目したら、横隔膜の進化もスキップできないほど重要な内容である。しかし、紙面にも限りがあるので、それは読者が次の段階で学ぶべきこととして、ひとまずは先の楽しみに残しておきたいと思う。

2-7　天空を掌中に

翼の原材料

「翼をください」、「翼の折れたエンジェル」、「翼はなくても」、「翼を広げて」、「翼のない天使」、「翼を忘れた天使たち」、「翼あるもの」、「翼、はためかせ」、「翼のある少年」、「翼がなくても」、「翼の計画」……

巷の楽曲のタイトルを振り返るだけでも、作詞家に重宝がられる〝翼〟の有り様が見えてくる。翼なる存在は、所詮は陸を歩くしかない私たちヒトが憧れる、夢と希望に満ちた世界であり、逆にそれが失われているときには、哀しみと感傷を醸し出すシンボルなのだ。生身ではけっして空を飛ぶことのできない私たちヒトにとって、空を飛ぶ道具は、十分に目出度い存在なのである。翼という言葉は、古今東西を問わず、単に鳥や飛行機の装置を指す以上に、手に届かないものへの憧憬に連なっているのだろう。

私たちの身体の歴史を振り返ってきた本章の最後に、人間が翼に抱く輝きを重く見て、翼の議論を進めておきたい。私たちの身体に存在しない装置を語るのはこれまでの話と矛盾す

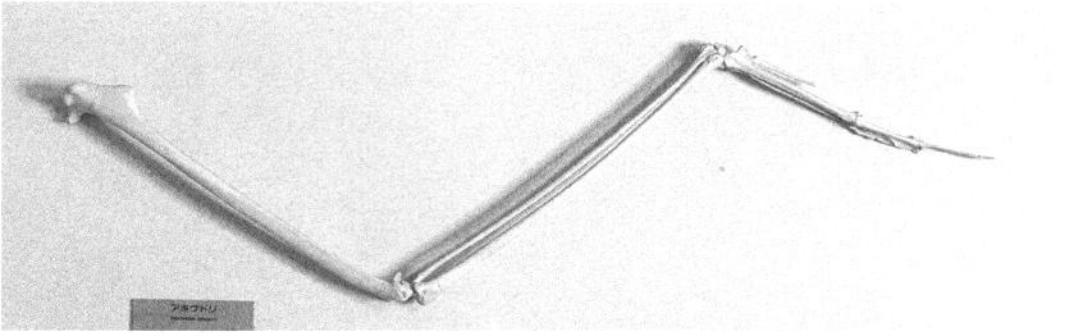

（図28）鳥類の前肢の骨。翼をつくるために前肢を徹底的に改造したものだ。この例はアホウドリのもの（国立科学博物館収蔵標本）。

るように思えるかもしれないが、実はそうではないのだ。本章を読み終えたとき、読者は、私たちヒトが翼のすべてをしっかりともち、空飛ぶ動物と何ら変わらないパーツをみな手にしていることに気づくはずであるから。

まずは飛ぶことの象徴でもある、鳥の翼を裸にしてみる（図28）。鳥の翼は、脊椎動物の前足を変形させたものだ。肩については前章でもふれたが、ご覧の通り、鳥の前肢は肩から肘までの骨と、肘から手首までの骨を長細く伸ばして作られている。設計変更として評価するなら、耳や臍より、ずっと単純にも思われる。見た目の優雅さや装置としての優秀さに比べて、とてもシンプルな設計だ。手首から先の掌や指は、たとえば私たちヒトと比べると分かりやすいが、どうやら骨どうしが癒合して、数を減らしてしまっている。これは、やはり進化の道筋の常道で、機能を要求されないかたちは、急激に退化することの実例といえる。鳥の場合、手の指でものをつかむことを初めから想定していないので、指がたくさんある必要などなく、一塊の棒のように変形したわけだ。

この図を見て、「あれっ、翼はどこだ?」と疑問をもった読者は少なくないだろう。左様、空を飛んでいるハトやカラスは、骨で見られる腕よりも、実際にもっとずっと面積の広い翼を広げているように見えるではないか。

実はこの点こそ、鳥類独自の成功の一因だったと考えることができる。もちろん、空を飛ぶ動物にとって、広い面積をもって広がる翼は、飛翔を実現するもっとも大切な構造だといえる。だが、鳥類が優れるのは、翼の面積を確保する手段を、腕や指の骨の変形に頼らなかった点だろう。鳥にとって広い翼の大部分は、皮膚に生える丈夫な羽毛によって確保されている。腕の骨が胸や肩から伸びる大きな筋肉から力を受けて運動の起点になるのは確かだが、実際に空気を切っている翼面の機能は、鳥の場合、羽毛に任されているのだ。

羽毛というのは、皮膚から生えるその付属物だ。実体はケラチンの硬い構造物である。ケラチンと聞いて化粧品や育毛剤のテレビCMを思い浮かべた方は、いい線を突いている。鳥の羽毛は、私たちでいう髪の毛や爪、あるいはフケとして剥げ落ちていく皮膚の表面の硬い部分の親戚だと考えることもできる。つまり鳥は、骨や筋肉といった本当の運動装置とは縁の無い皮膚の一部を、空を飛ぶための運動装置に用いてしまっているのである。古今東西人類憧れの的、鳥の翼が、中年親父愛用の毛生え薬に貼ってあるラベルと二重になって見えてはこないだろうか。

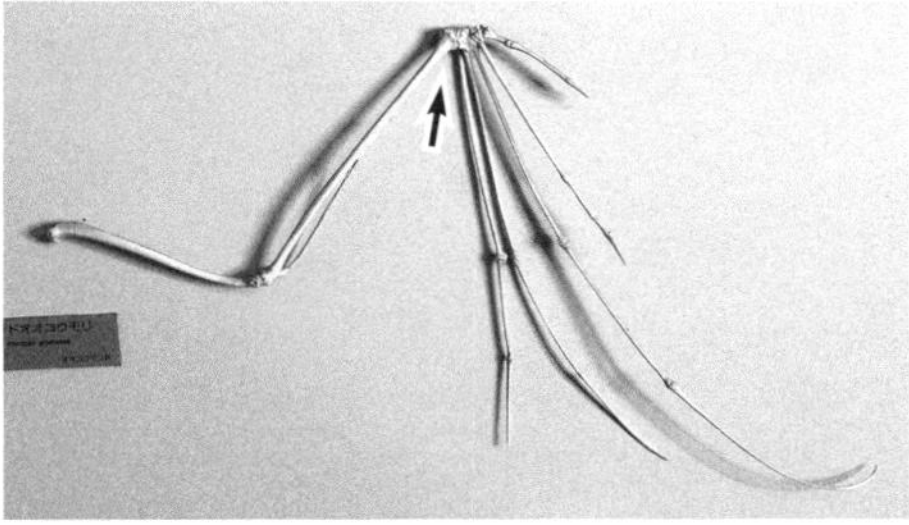

(図29) コウモリの前肢骨格。前図の鳥のものと比べてみよう。手首(矢印)から先の部分に、両者の設計の大きな違いが見て取れる。風を切る役割を羽毛に譲り、掌から先の骨が退化傾向にある鳥類に対して、コウモリの手先では、細く伸びた指の骨が翼を形作っている。これはインドオオコウモリの例だ(国立科学博物館収蔵標本)。

コウモリだけの逸品

鳥の翼の特質を分かりやすく解くために、対照的な例としてコウモリの翼を挙げておこう。コウモリの翼の骨は初めて見る方も多いかもしれない(図29)。コウモリは空を自由に飛びまわるということでは鳥とそっくりだが、翼を前肢から設計変更するときの設計思想はまったく異なっている。肩から肘までと、肘から手首までが細長いことは、一見鳥と似て見えるかもしれない。しかし、手首から先は明らかに別物だ。コウモリでは、翼面を大きく広げるのは、奇妙なほど長く発達した複数の指と掌の骨だ。とりわ

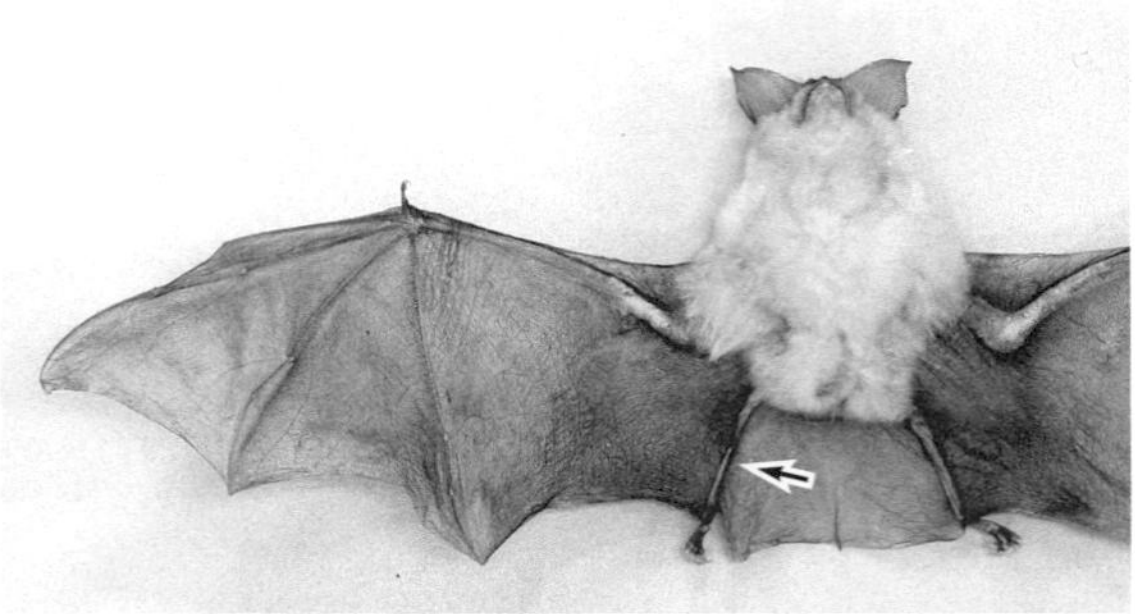

（図30）コウモリの剥製。前肢だけでなく、後肢（矢印）と尾が翼面を支えている。鳥よりも翼への骨の参加は念入りだ。ちなみに、これはキクガシラコウモリの標本である（国立科学博物館収蔵標本）。

け広い範囲を自由に動く長い指が、翼の面を広げる役割を果たしている。しかも、ただ翼を広く広げることだけが、この指の役割ではない。鳥に比べると可動する骨がたくさん連なっているわけだから、翼の形を変える動作も自在に行うことができる。折り曲げたり畳んだり、翼を器用に変形させることができるのは、この指のお蔭だ。

もうひとつ、コウモリの翼には鳥類とまったく異なる特徴がある。この空飛ぶ哺乳類では、後肢と尾が、翼の主要な支持体として参加しているのだ（図30）。つまり手だけで羽ばたくのではなく、後ろ足や尾も、翼の運動に深く関与していることになる。前肢に頼りつつ、羽毛で翼を作っていった鳥と比べると、全身の骨が翼作りに関与したといえるかもしれない。胴体部分をかなり小さめにまとめあげて、あとは前肢と後肢と

知は、現場にある。

光文社新書

尾、つまりは骨格を使って翼面の支持枠を形成し、そこに皮膚と薄い筋肉で膜を張るのが、コウモリにおける設計変更の要点だろう。

この改造方針ゆえ、コウモリの翼は、鳥のものよりも大胆に形を変えることができる。脊椎動物の歴史上、全面的に骨と筋肉で大幅な変形を保証される翼は、コウモリだけの逸品だ。もちろん、代わりといってはなんだが、コウモリには風を切ってくれる丈夫な羽毛が生えるわけではない。だからこそ骨でもって翼を広げなくてはならないともいえるのだが。

鳥の翼に話を戻そう。鳥の翼は、後肢や尾が翼の形作りに参加していない。ということは、鳥にとっては、後肢を飛翔とはまったく別の用途に用いることが可能となる。だから、当り前のようだが、鳥類の後肢は、着陸あるいは着水時には立派な歩行・遊泳器官に化ける。優雅に飛んでいるときと比べると、地上では確かに不器用ではあるのだが、それでも、立派に歩いたり泳いだりすることができるではないか。極端な例としては、ダチョウやエミューを思い浮かべればいいだろう。退化して、飛ぶことに役立たなくなった翼などもはやどうでもよくて、彼らの生存を支えるのは後肢だけだ。鳥でありながら、陸上を走るのが本業の四足歩行の動物たちと、走行性能でもって十分に渡り合う。そのくらいに、鳥の後肢は飛ばないときですら、高度な役割を果たしているということができる。

この点では、コウモリは絶望的だ。翼の一部に化けてしまった後肢にとって、このイソップの嫌われ者の体重を陸上で持ち上げて、地面をしっかり蹴って前へ進むことなど、できない相談だ。少なくともダチョウ並みに走るコウモリというものは、地球史上進化したことはないはずである。多くの場合、コウモリが見せる後肢の役割は、あの逆さ吊りの〝着地〟だ。木の枝や洞窟の天井や、ときに建物の軒にぶら下がる天地逆さまの姿勢は、歩きにほとんど使えなくなった後ろ足が、無用ぎりぎりの烙印を押されながら、何とか着陸装置にとどまったことを示している。

翼の発明者たち

さて、実はもうひとつ、脊椎動物にれっきとした翼を発明したグループがいる。気がつく読者もいるかもしれない。その名は翼竜である。この飛翔性の爬虫類が繁栄したのは、哺乳類全盛の時代よりずっと古い中生代、三畳紀、ジュラ紀から白亜紀にかけてのことだ。最近でこそ、最古の鳥類は中生代の前半から中盤にかけて、すでに一定の地位を占めているのではないかという話が出てきているものの、鳥もコウモリも、真に空の征服者となりえた時代は、六〇〇〇万年前より古いとはいいがたい。となれば脊椎動物の実際的な空の先達は、翼竜たちだ。

翼竜とくれば、プテラノドンとかアンハングエラとかという学名で、かなり大きい姿で恐竜の頭上を飛び回り、海岸近くで魚を獲ったりしている画を、図鑑で目にしたことがあるのではないだろうか。飛翔する脊椎動物としては、彼らは鳥やコウモリに負けない一級品である。そして、驚くべきことに、翼竜の翼の大部分は、なんと私たちでいう薬指だけで支えられているのだ。もちろん前肢が胴体から伸びる筋肉で動かされていたことは間違いないが、翼面の広い面積を支える骨組みは、事実上、薬指一本だ。

飛行という機能から見れば、これも見事なまでの完成品として評価することができる。長い翼を一本指で支えてしまうという強引さからは、彼らの翼も、脊椎動物が得意とする行き当たりばったりの改造品の一つ、設計変更の大胆な事例としてとらえることができる。しかし、翼竜の翼は、既存の前肢の設計図を無理矢理にでも描き換えれば、なかなかどうして、他の追随を許さない優れた機構を作り出すことを証明してくれているのだ。というのも、彼らは、紛れもなく地球史上最大の飛翔生物なのである。最大のもので、広げたときの翼の長さが一三メートル。翼竜類の恐ろしいばかりの成功は、荷重の大半を指一本に頼るという設計思想でもって、信じられないほど大きな体を空に浮かせられる動物を実現せしめた点にある。鳥が優れようが、コウモリが秀でようが、大きさはこの薬指の化け物には敵わない。

ちなみに翼竜の場合、後肢の着陸時の機能性は鳥ほど高度なものではないと考えられている。実際、翼全体の作りはコウモリとは異なるものの、翼を支持する役割は、コウモリ同様、ある程度後肢にも課せられていたと考えられる。もはや生きた姿を見ることのできないグループゆえ、地上で後肢をどのように使っていたかは定かではないが、鳥を超えるほどの歩行性能を満たすものではなかったようだ。せいぜい貧弱な着陸装置程度のものだったと推察される。

少し翼竜の横道にそれてしまった。コウモリと鳥に話を戻そう。かくある翼を捻りだしたコウモリと鳥の祖先は何か、という問題を片付けておきたい。コウモリの方は実は明確には分かっていない。伝統的には、おそらくは食虫類とか無盲腸類と呼ばれてきたような、地味な小型の獣が飛行するようになったものがコウモリだろうと考えられてきた。あまり聞き慣れないかもしれないが、トガリネズミという名の小動物を日本でも時々目にすることができる。もし分からなければ、モグラに近い仲間だと理解してくれたらいいだろう。この一群に翼を生やしたのがコウモリだと考えることに、多くの人が納得してきている。しかし、初期のコウモリの化石は乏しく、これからも様々な議論が起こることだろう。

一方の鳥の方だが、かつては鳥類といえば、爬虫類から進化を遂げたかなり進歩した独自のグループという解釈が色濃かった。しかし、現在、彼らは恐竜の直接の生き残りだとされるようになった。しかも、ジュラ紀を中心とした化石の研究から、初期の鳥類は当時の恐竜類と瓜二つといえるほど似ていたことが明らかになってきた。恐竜にあった鱗がどのように無くなり、羽毛がいつ生えたのかという問題も激論を呼ぶのであるが、いずれにしても、鳥は完全に恐竜の一部であって、たまたま飛行に適応した一群だと考えるべきだ。もっとも地球史の事実は、鳥を生み出した恐竜類の本家の方が六五〇〇万年前を最後に姿を消し、ある意味出来損ないの子孫だったはずの鳥類の方が今日でも繁栄を誇るという、痛烈な皮肉を残してくれているのだが。

飛ぶための大改造

翼の節の最後に、読者には動物の身体を見る目を育んで欲しいので、コウモリや鳥の翼以外の部分に着目しておきたい。コウモリも鳥も、翼を作り変えただけでは飛ぶことはできないのだ。翼以外にも飛ぶためのデザインを満載してこそ、希代の飛行者は大空を舞う。その一つ一つのデザインすべてが、地上を歩いていた祖先の、緊急避難的な設計変更である。

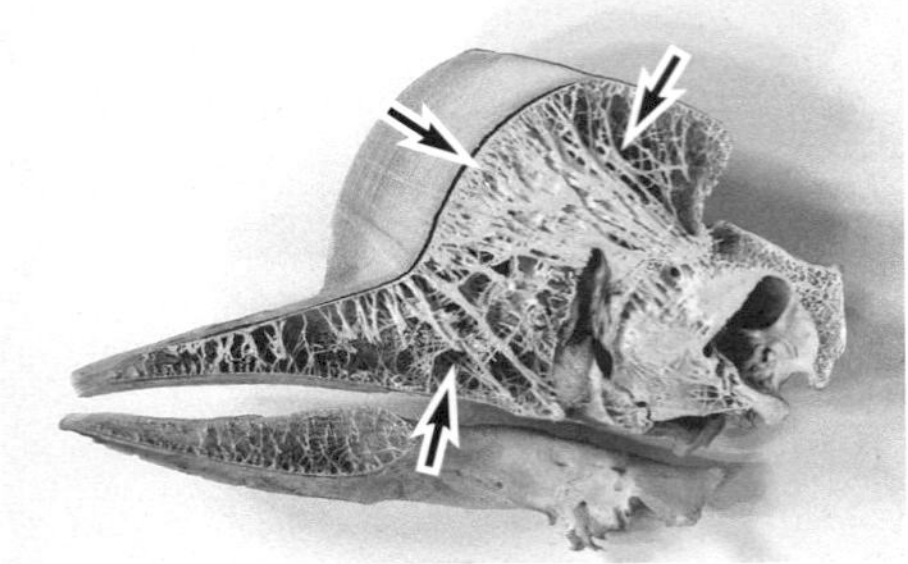

（図31）オナガサイチョウの頭骨を縦に切り、内部を見たところ。鳥としてはとても大きな頭部だが、細い梁（矢印）で強度を維持しながら、極限まで軽量化されている（国立科学博物館収蔵標本）。

例を挙げよう。たとえば、空を飛ぶには骨を軽量化しなくてはならないから、鳥の頭はご覧の通り、スカスカである（図31）。読者はサイチョウという熱帯亜熱帯を彩るハデハデの鳥をご存知かと思うが、連中は鳥のなかでもとても大きな頭蓋の持ち主なのだ。その頭蓋を、丈夫さを維持したまま軽量化するとするなら、この図に見えるスカスカの構造は理に適っている。

さらにもう一箇所、鳥の身体の奇妙な部分を観察することにしよう（図32）。前章を読んだときに、もうフライドチキンを齧り終えてしまった人は、あきらめて次のピースを買ってくることにしよう。このパーツ、カーネルおじさんの店のフライドチキンでも、丸ごと出会った経験があるはずだ。一体これが鳥のどの部分なのかといえば、実は、骨盤である。前の章で、後肢帯という言葉でほんのちょっとだけ登場させてあるのだが。

鳥の場合、骨盤といっても、ただの腰骨らしい単純な骨盤ではない。ざっと一〇個以上の骨のパーツを癒合させた、驚異の合体物だ。実にこの骨には、いわゆる腰骨以外に、背骨の胸の部分（胸椎《きょうつい》）の一部から、腹部（腰椎《ようつい》）、さらに腰部（仙骨《せんこつ》）、そして尾の骨の前方部分（尾椎《びつい》）までをも取り込んでしまっているのだ。骨盤というにはあまりにも特殊な合体を果たしているので、解剖学者は敬意をもって、腰仙骨《ようせんこつ》と昔から呼んできた。

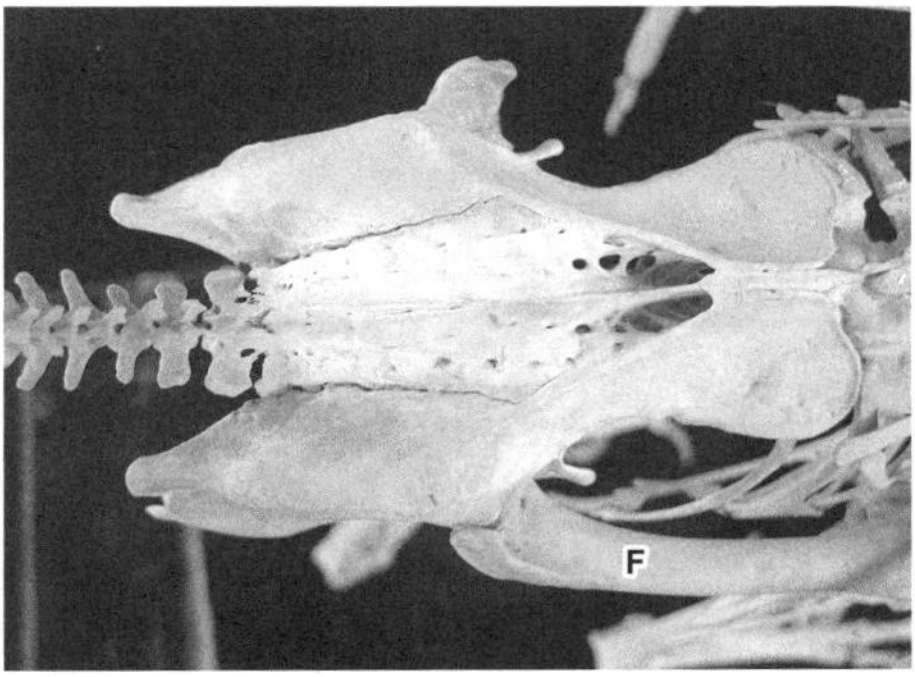

（図32）ニワトリの腰仙骨を背中側から見た。図の右側が頭部、左側が尾部に当たる。胸から尾にかけての背骨と、後肢を連ねる骨盤が、癒合合体したものだ。まるで身体の大部分が一体化してしまったという印象を受ける。背骨の運動を犠牲にし、極限まで軽量化した結果だ（帯広畜産大学家畜解剖学教室・佐々木基樹博士撮影）。Fは右側の大腿骨。

この骨がどんな化け物かといえば、皆さんの身体に当てはめるとよく分かるだろう。腰仙骨は、ヒトでいえば、肋骨の少し下あたりから尻までの範囲に存在する全ての骨が、一個の塊と化したものだ。私は、そう聞くだけで、なんだか下腹部あたりがチクチク痛む気がしてしまう。というのも、腰仙骨が固まってしまった鳥類は、背伸びや前屈といった、背骨の柔軟性が問われる運動はまったくできなくなってしまっているからだ。

鳥がしでかした、このとんでもない骨の癒

合の〝目的〟は唯一つ。それは、身体全体の軽量化である。たくさんの骨が連なってバラバラに運動するようにしておけば、背骨を柔らかく動かすことはできるが、骨の合計の質量は大きくなってしまう。それだけではない。各骨を動かすための筋肉も必要となり、当然、総重量が増す。空を飛ばなくてはならない鳥にとっては、毎朝の柔軟体操やお茶の時間のほっと一息の背伸びなど、どうでもいいことだ。そんなことより、骨をすべて一体化して、身体全体を軽く作ることの方が、大切なのである。

結局、鳥は地上では仮の姿で構わないことになる。飛ぶためにすべての形を犠牲にして、設計変更を重ねた結果がいまの鳥だ。考えてみれば、祖先の恐竜と同様に重い頭を作っていたら、サイチョウは空の勇者ではありえない。役に立たない頭骨を抱えたまま、永遠に飛び立つことのない、近代芸術のオブジェよろしく、設計ミスの産物になってしまっただろう。鳥たるもの、地上で器用に腰の屈伸を繰り返す必要もない。彼らが欲しいのは、柔軟な背骨ではなく、一グラムでも軽い骨盤だったのだ。あのいまいましいカラスたちも、猛々しいコンドルも、そしてときに皆さんの肩に乗るインコの類も、みな骨盤をガチガチに固める苦心の改造の結果、空を手に入れたのだ。ここまで来るともはや二度と逆戻りできないような設計変更ではあるが、進化とは涙ぐましいまでの身体の改造によって成し遂げられる営みなのである。

だが、それでもやはり、新しい身体は祖先を設計変更することでしか、生まれてこない。それが地球上で進化を繰り返していく生き物たちの、逃れられない運命なのだ。

いま空を制覇している鳥もコウモリもそして大先輩の翼竜も、神や仏から特別扱いで翼を新規設計してもらったわけではない。毛生え薬で文字通り毛が生える程度の設計変更で、羽毛ができてしまったのかもしれない。モグラの先祖が間違って指を長くしたら、空を飛べてしまったのかもしれない。爬虫類のなかのちょっとだけ薬指の長い変わり種が、いつのまにか中生代の空を〝掌中〟にしたのかもしれない。そんな戯言《たわごと》を漏らしながら、いくら背伸びをしても空を飛ぶことのできない解剖学者は、彼らの身体をバラバラにすることで、栄誉ある翼を見事に失墜せしめる。翼に神様の創造的意匠など何も無いことを語っては、酸っぱい葡萄の喩えのごとく、人類普遍の大空への憧れを学問の論理で封じ込めていくのが、私の仕事だ。鳥やコウモリの遺体を解剖してみれば、翼とて、ただ四肢を場当たり的に設計変更した、動物によくあるパーツの連なりに過ぎない。だが、それでも「翼」を冠した楽曲は、この先もヒットチャートを賑わせていくに違いないのだ。ホモ・サピエンスが抱く翼への永遠の憧れを断ち切るには、解剖学者としての私の筆はあまりにも非力か。

第三章　前代未聞の改造品

3-1　二本足の動物

待ち受ける遺体の罠

車の運転も、慎重に過ぎるビギナー時代より、免許を取って一年目二年目の、慣れが見え隠れするころが、より事故を起こしやすいそうである。私にとっては、学部学生を終えるか終えないかのころだったと思う。ウマ、ラクダ、キリンと、いくつかの大きな動物の解剖を進め、五〇〇キロ以上の血塗《ちまみ》れの塊にまったく動じなくなっていた私にとって、恥ずかしながら学問の基本を忘れ、少し調子にのっていた時期のことだ。

そんなとき、動物園さんがペンギンの遺体を大学に譲ってくださったことがあった。私はいつものように喜び勇んで、頂いてきたペンギンを切りはじめた。机の上に載った五〇センチチ足らずの黒白の遺体は、いつものように私を魅了していたことは確かだが、心の奥底に、「これは与《くみ》し易し」という油断が頭をもたげていたようだ。せいぜい数十センチの鳥のこと、そこに隠された謎は大きくても、少なくとも男手の助太刀を必要としないサイズの小さな相手であることが、私を油断の空隙《くうげき》に引きずり込んでいた。

とりあえず消化管を早く外してしまいたかったので、私は食道を頸部で切断し、排泄腔の近くで直腸に刃を入れようとしていた。ヒトでいうところのお尻の穴のちょっと上で切断すれば、消化管は丸ごと引き出すことができる。それは消化管たるものの常識だ。まず消化管を抜き取ることだけを考えた私は、骨盤を探り当て、そこに骨盤に沿って貼り付く消化管を左手の指先で引きつまんだ。そして、腹壁の開口からメスごと右手を突っ込むと、目で状況を確認することもなく、左手がつまんでいる軟らかい消化管の壁に、一太刀を刺し込んだ。

鳥や獣で、骨盤に密着する消化管があれば、それは直腸以外にあり得ないのは、当然だった。

だが、腹部の開口からそのまま管を手前へ引くと、消化管全体が抜け出てくるという私の予想とは裏腹に、赤桃色の滑らかな筋肉の平板だけが、力なく腹腔の外へ姿を見せるではないか。しかも、腹腔で何回転か捻られたそれなりに長い腸がニョロニョロと顔を出すはずだったのに、左手に連なる内臓は、三〇センチに満たない平面でできたビニール袋のようなものだ。背部から引かれるでもなく、あまりに容易にその軟らかい塊が左掌に残ったのを見て、私は一生の悔いを思い知らされた。

　私が切ったのは直腸、つまり腸の尾端付近ではなく、幽門、すなわち胃の後端部なのだ。目の前の、与し易いはずの手頃なサイズの鳥の身体は、実は、胃を背骨と平行にできる限り長く伸ばすように進化しているのだ。卵の殻を破って生まれ出たら最後、こうして天寿をまっとうするまで、この鳥は背骨をまっすぐに立て、二本足で立つことを基本姿勢にして生きている。そして、この鳥はそのままの姿勢で、つまり、胴体をまっすぐ伸ばして魚雷型の体型をつくりながら、水中を巧みに〝飛び〟回る。泳ぐというより、飛ぶという形容が似合うほどの水中生活のエキスパートだ。しかも、この鳥は、自分の身長より少し小さいくらいの魚体を丸呑みにして暮らす。呑まれた魚はとりあえず、ペンギンの体内に収まらなくてはならない。そこで、ペンギンは頸部の食道から身体の後方に至る細長い部屋を、哀れな魚体のために用意する。左様、この動物の胃袋は、呑みこんだ丸ごとの魚を十分に収納するために、後ろはこの動物の後肢の付け根、つまりは、骨盤付近にまで長く伸びているのだ。お腹の全長を占めるほど、縦長の胃が腰まで伸びて、骨盤で私のメスを待ちうけていたことになる。

ペンギンの教訓

私の〝常識〟では、胃壁は骨盤と接してはならない。たとえば、ウシの胃袋はアパートの浴槽と大差ないほど巨大なものだ。サイズでは誰にも負けないウシの胃には何度も出会ってきたが、ウシのように単に体積が大きくて腹腔を占領するのと、このペンギンの異様に細長い胃袋とでは、様相はあまりに違う。

海を泳ぎながら背骨を伸ばし、長い魚を丸呑みにするペンギンにとって、胃袋は、体積よりも長さがすべてだ。ほとんど太さを広げることなく、後ろ足近くの腹腔にまで達していることが必要だったのである。しかも、ご丁寧なことに、細長い胃袋の壁は、骨盤の内のりから髭のように生え伸びる結合組織に捕まって、いかにもお尻の近くに固定されている。厚手の毛布を天日に干そうと、大きな洗濯ばさみで竿に固定したかのように、胃の壁が骨盤に繋ぎとめられていたのだ。ろくに腹腔を覗かずに、指先の平滑筋を切り抜いた私は、この胃袋の後端を直腸と誤認したのである。

左の掌の中には、ピンクに輝く胃袋が、勝ち誇っている。もちろん、残された骨盤には、無傷の直腸が、覗き込む私を嘲笑っている。生き物の形態は、いつも派手で巨大で人目を奪うような姿で進化の妙を私たちに見せてくるとは限らない。身体の歴史がいかに深遠であるかを新米解剖学者に見せつけるには、手頃なサイズの動物が、胃袋の片隅をチラッと披露するだけで十分なのだ。

ピンセットを五年や一〇年握っただけでは、動物の身体の地図のもっとも粗悪な概略図すら頭に描くことができないことを思い知らされた。これを最後に、私は、対象を視認せずに切断面を入れたことは一度もない。見ながら切るのは基本中の基本だ。基本なる事柄はいかにも馬鹿馬鹿しく見えることが多いのだが、生きとし生けるものの身体に刃を入れていくというのは、素人同然の一学生の〝常識〟よりも、馬鹿馬鹿しいくらいの基本の方が正しい対処を生むものだ。

そもそも四本足の脊椎動物が二本足で背骨を伸ばすということがどれくらい困難なことなのか、ペンギンの胃袋は、私に語ってくれたに違いない。普通の鳥に脊椎をまっすぐ立たせても、それで生きていけるわけではない。身体の随所に生きるための設計変更を積みかさねていかなくてはならないのである。胃袋ひとつをとっても、浮かれた男を罠にかけるくらいは朝飯前の、巧妙な設計図の転換を企ててくる。遺体解剖が相手にする〝敵〟は、そのくらい深い落とし穴を何食わぬ顔で掘り下げて、私の刃物を待ち構えているのだ。

ヒトを作り始める

ペンギンの特殊な胃について長めに話したのは、この章で私たちヒトの身体をもう一度よく見たいからである。この本で皆さんはもう十分感じられたと思うが、動物の身体とは、改造に改造を重ねた、継ぎ接ぎだらけの集合体だ。当然、私たちヒトも、それと同類である。だが、ヒトの身体が経た歴史は、黒白の鳥の背骨を立たせ、海を泳がせることよりも、ずっと重大だ。ペンギンは二本足で歩くといっても、所詮は膝を大きく曲げながらのヨチヨチ歩きだ。が、何せ、読者のあなた、すなわち、ホモ・サピエンスは、四本足の動物を完全な二足歩行に作り変え、恐ろしく器用な手に、地球史上前代未聞の巨大な脳を載せるという信じがたい改造をやってのけたのである。

この先で少しだけ紙面を使って、ヒトが歩んできた謎めいた歴史を読み解いておこう。ヒトの端緒については、教科書もあれば、初学者向け参考書にも事欠かないが、この本は、ヒトの身体がどういう改造をなされていったかという、私たちのとても奇妙な来歴に焦点を当てて、皆さんと楽しめる部分を集約していきたい。

ヒトのルーツを話すには、大雑把にいって五〇〇万年あるいは七〇〇万年くらい前の東アフリカにでも、旅をしなくてはならなくなる。われわれヒトに向かって第一歩を踏み出す一群が、この時代のこの地域に暮らしていたことは間違いない。彼らは、まだ私たちホモ・サピエンスとは程遠い。彼らに始まる、いわゆるサルから離れて、ホモ・サピエンスへ歩んでいく者たちを、古典的な言葉遣いで「ヒト科」と呼んで話を進めていこう。

まず、ヒト科の祖先がどういうものかと問うと、実は、未だに明確にはなっていない。もちろん皆さんご存知の通り、それはサルの仲間であるし、いわゆる類人猿といえるもっとも高度なサルではある。だが、掘り出されている化石は、今でもその全貌を伝えるほど、情報をもたらしてはくれていない。

もちろんいま生きているサルの中で、ヒトにかなり近い連中として、チンパンジーやゴリラ、オランウータンを見ることができるから、彼らの身体を研究すれば、大いに参考になるだろう

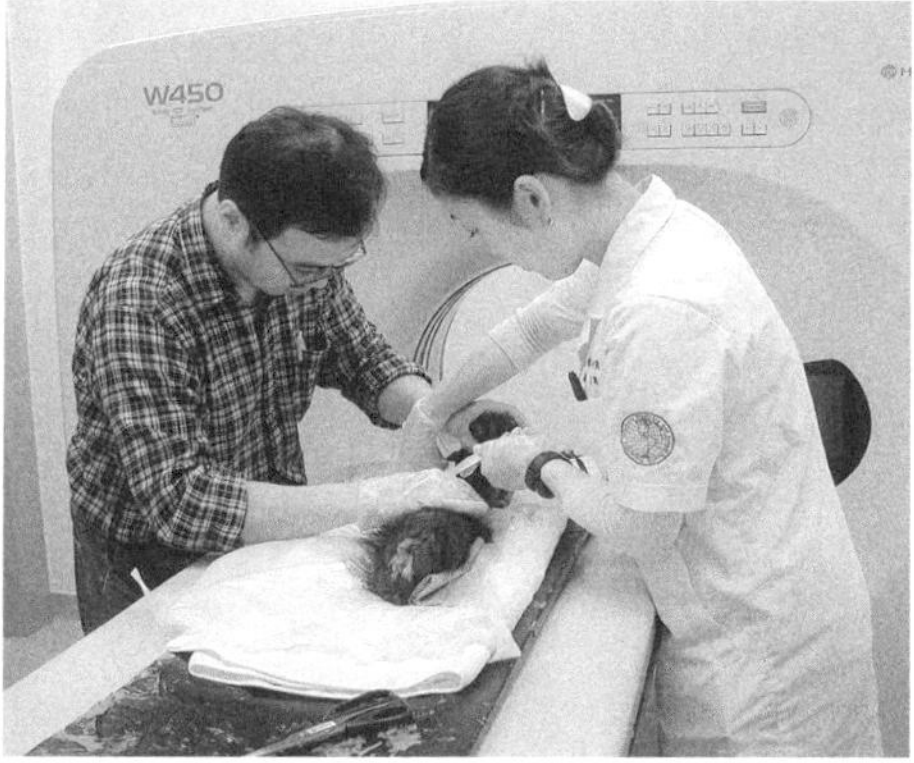

（図33）チンパンジーの腕をCTスキャンで解析する。東京都多摩動物公園で天寿を全うした個体が、遺体として国立科学博物館に寄贈されてきたときの場面だ。動物園さんの厚意に応えるためにも、遺体から謎を解き明かし、標本として未来へ引き継がなくてはならない。CTスキャンでの研究は、日本大学生物資源科学部の酒井健夫教授のご協力によるものである。左は筆者、右は当時同大学の学生だった松崎美果さん。

（図33）。ある意味でこれは私たちが採り得る最善の研究手法だ。ただし、問題がある。それは、当然だが、チンパンジーがヒトに進化したわけではないということである。ヒト科を生み出した祖先は、願っても見ることのできない、数百万年前に絶滅した一群なのだ。

無い袖は振れないので、少し時代をさかのぼってしまって、一五〇〇万年以上前のアフリカを見てみよう。この時空には、プロコンスルというなかなか面白い類人猿がいる（図34）。体重はたぶん四〇から五〇キロだろう。見つかっているのは骨の化石だけだから、正直なところ、毛色や表情などの基本的な外貌が、本当にこうだったかどうかは誰も知らない。大切なのは、どうやら彼らは背骨を地面に対してほぼ水平に保っていたことと、肩の関節を大きく動かせたことの二点だ。

そもそも、ヒト科を生み出すサルたちの基本条件から探りを入れると、もちろん、かなりの程度知能が高く、また身体能力的にもある程度の身体の大きさをもつものが、私たちの直接の祖先の有力候補として浮かび上がる。一方で、あまりに特殊な生き方に適応してしまっていると、ヒトへ向かう身体の大改造が不可能だと想像されるのである。たとえば、テナガザル（図35）は、たしかに脳の機能は高度で、一見ヒト科への近道にあるように見える。だが、テナガザルは、ブラキエーションと呼ばれる、長い腕を使った樹間の懸垂移動を繰り返

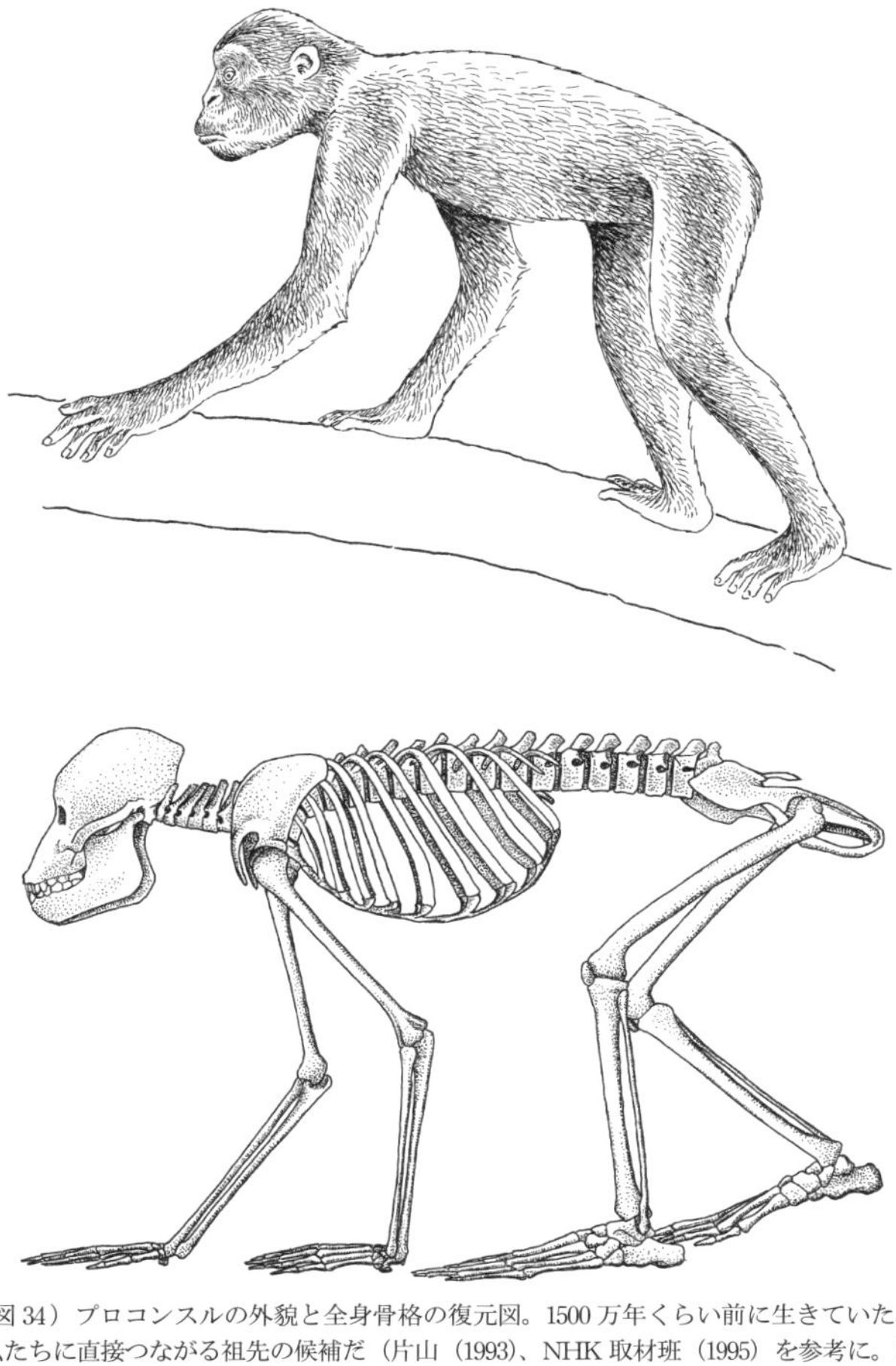

（図 34）プロコンスルの外貌と全身骨格の復元図。1500 万年くらい前に生きていた、私たちに直接つながる祖先の候補だ（片山（1993）、NHK 取材班（1995）を参考に。国立科学博物館・渡辺芳美氏描画）。

す。テナガザルはこの移動様式をとるべく、身体全体が特殊化してしまった感があり、この類のサルをいまさら二足歩行の世界へ巻き込むわけには、どうやらいかないらしいのだ。すでに大改造を受けてしまい、別の方向には振れない身体になってしまったと、考えてよいだろう。

結局、背骨が奇妙に曲げられていないことと、肩の関節が自由に大きく動かせるという、プロコンスルの状態は、テナガザルのような後戻りできない特殊化を経たものより、どうにでも設計変更可能な優れた〝素材〟として、進化の眼鏡に適うらしいのである。おそらく、プロコンスルのような類人猿は、あまり特殊な移動様式や特殊な腕の使い方をしないまま、樹上で何百万年も暮らし続けたことになるだろう。いまのテナガザルがインドシナで枝から枝へ派手に跳び回るのを見ると、プロコンスルの暮らしは、もっと目立たない、地味な樹上生活であったことが推測される。

（図35）テナガザル。声を張り上げて、腕で樹間を懸垂移動する。特殊化の進んだ類人猿の例だ。

偶然の産物

ところが、進化とは、万事塞翁が馬だ。地味な身体で地味な樹上生活を続けたプロコンスル様の類人猿は、いつものように物を見、物をつかみ、危ういバランスで枝の上を歩き回った。そうして何百万年も経つうちに、視覚情報を処理する力、器用な手先、高度な平衡感覚など、まさにヒト科へ歩み出すための、事前準備を完成させていくのである。地味な樹上生活が、彼らの脳や神経を洗練し、器用さを中心とした運動能力を高めていったに違いない。前章で遣った前適応という言葉が、ここでもあてはまるだろう。二本足で歩くための予備的な構造と機能を、プロコンスル様のわが祖先たちは、前適応的に獲得することに成功していったのである。

だが安全な樹間を捨てて、サルが二本足で歩くようになるというのは、それ相応の大きな理由が必要だろう。遺体の解剖ばかりしている私には、この点は他人が唱える説をいまは一方的に聞くばかりだ。それは、簡単にいえば以下のようなことと されてきた。

いまを去ること、一〇〇〇万年から五〇〇〇万年くらいまでの間、東アフリカが長期的な乾燥の時代に突入したというのである。森林が枯れ、草原ないしは乾燥した平地が広がったらしい。その状況は、ある意味で、いまのケニアやタンザニアにも共通する部分があるだろう

（図36）ケニアの大地と私。実は、ヌーとライオンの群れを追って、ここまで来た。いわゆるサバンナと呼ばれる気候は、独特の景観を生み出す。ところどころアカシアの疎林ができるが、多くの動物は、逃げ隠れる場所をもたず、開けた土地を歩いて生きることを余儀なくされる。

（図36）。開けた土地で、登るべき木を失った類人猿たちは、〝満を持して〟いたかのように、地上に降りる。しかも、樹上ですでに培っていた二足歩行能力を活用して、平時の歩行を後肢だけに頼るようになったというのである。

もちろん、ある程度進歩した類人猿が棲んでいた地域が乾燥し、森が枯れ果てることなど、ただの偶然の出来事である。古生態学にも自然地理学にも疎い私には、そこまで運任せの出来事でヒト科が繁栄を始めるのかどうか、いまひとつ納得してはいない。正確にいえば、納得したくないという思いが、心のどこかに残っている。

だが、プロコンスル様のある程度までは特殊化していない類人猿を材料に、ヒト科を〝創造〟することは、解剖学的には比較的容易なイベントといえるだろう。あえてこの東アフリカの乾燥云々という科学的ストーリーに納得するとして、やはり、進化とはスマートで優雅な出来事ではないと改めて確信される。設計変更や小改造を彩ってくれるのは、ときにある地域の気候変動ですらあるのだ。そのくらいに安直な方法で、身体の形の進化は、止《と》め処《ど》なく進む可能性があるのである。

猿人たちの出現

先に前章では、哺乳類あるいは脊椎動物がたどった進化の歴史を、その身体に残された証拠から跡付けてみた。進化といえば華麗な出来事という印象があったかもしれないが、実際にはさまざまな設計変更と改造が繰り返され、継ぎ接ぎだらけの身体で、次なる時代に生きる術を生み出そうとしてきたに過ぎない。

ヒト科の始まりもまさにそうだ。二足歩行も、その後加速度的に生み出されてくるヒト科の高度化も、白紙の上に描かれた美しい設計図に基づくものではない。木の上に追いやられていた地味なサルが、たまたま二本足で立ったようなものなのである。

さて、実際に二本足で歩み始めた私たちの祖先は、三七〇万年前のものとされるアファール猿人、すなわちアウストラロピテクス・アファレンシスといわれる連中だ。彼らが進化の舞台としたのは、一貫して東アフリカである。他方、同じ東アフリカでは、これより年代が古くて二本足で歩いた可能性の指摘されるヒト科の候補が、近年化石として次々と見つかってきている。ラミダス猿人、オロリン、サヘラントロプスなどと呼ばれる者たちだ。また、アファール猿人と同時代のケニアントロプスは、初期の人類が多様であったことを示唆する重要な系統だ。

だが、何よりアファール猿人が私たちの論理を助けてくれているのは、その化石情報の確かさでもある。アファール猿人なら、私たちも、ヒト科最初の姿をかなり正確に記述することができるといえる（図37）(Johanson and White. A systematic assessment of early African hominids.)。

ありがたいことに、アファール猿人の化石は保存がよく、最初期のヒト科の姿を克明に伝えてくれるのだ。とりわけよく知られるのは、ルーシーと名前を付けられた三二〇万年前の女性の化石だ。全身骨格の半分弱くらいが、丸ごと見つかったという幸運の塊のような発見例だ。

一九七四年にエチオピアのハダールで見つかったこのルーシーのお蔭で、私たちはヒトにつながる最初期の猿人の形を、かなり明確に知ることができる。細かい姿勢はともかくとして、ルーシーの仲間が二本足で歩いたことは間違いない。これは幸運の女神ルーシーからだ

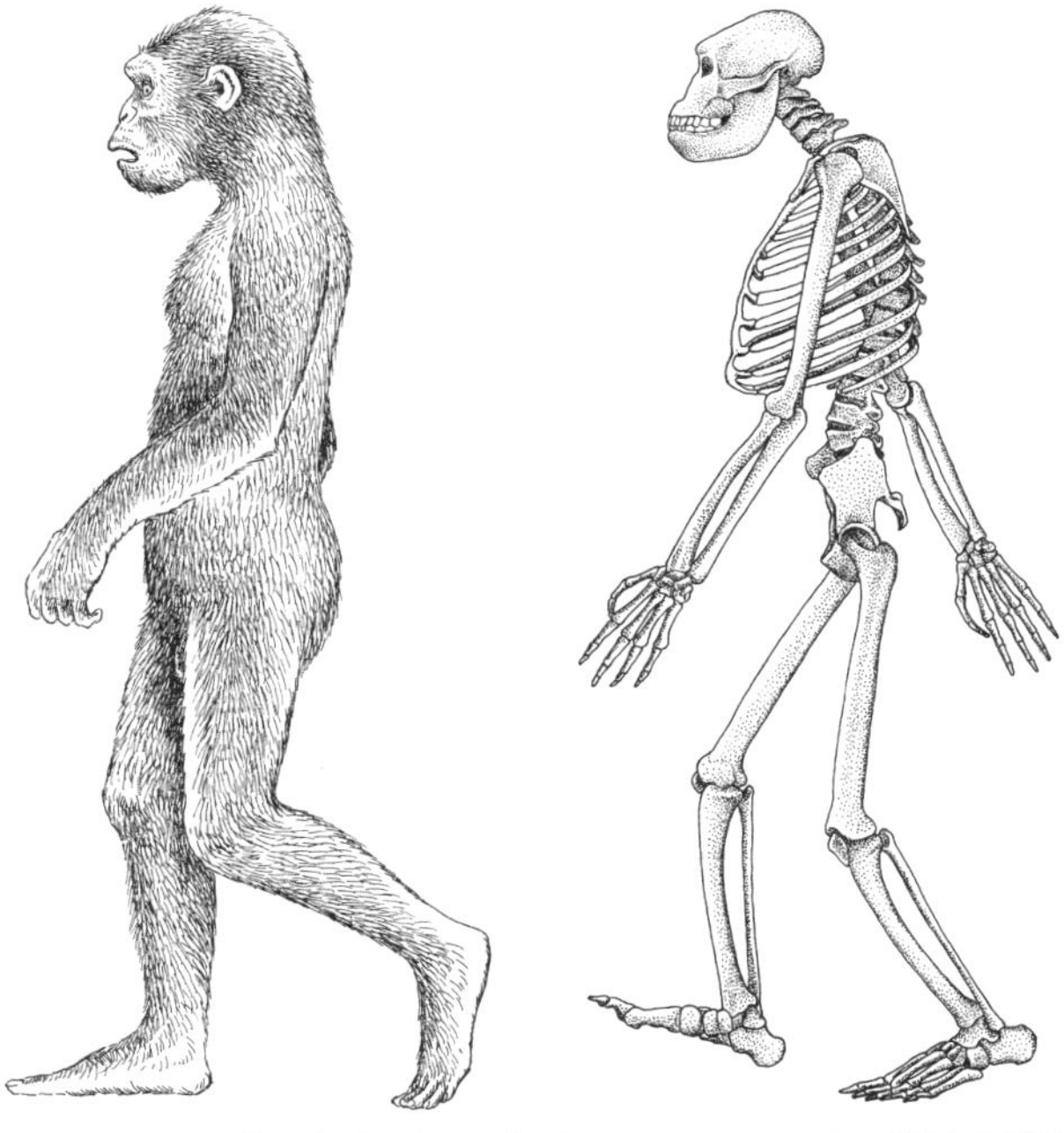

（図 37）アファール猿人（アウストラロピテクス・アファレンシス）の外貌と全身骨格の復元図。よく知られた最初期のヒト科だ。私たちホモ・サピエンスとはもちろん大きな違いはあるが、この段階でれっきとした二足歩行を完成させている（片山（1993）、NHK 取材班（1995）を参考に。国立科学博物館・渡辺芳美氏描画）。

けでなく、たとえば三五〇〇万年前のものとされる猿人の二足歩行の足跡が、タンザニアのラエトリから確認されたことでも裏付けられている。

ここから、アファール猿人の骨の構造に深入りするのは魅力的な仕事なのだが、ここは私のせっかちを許していただきたい。筆を、読者のあなた、すなわちヒトに向けてみたい。何よりもまず、私たちは、こうして偶然すら絡むような設計変更から生み出されたヒト科のおよそ四〇〇万年後の姿として、いま地球に生きている、ということを記憶にとどめよう。その上で、たとえ何億年という時代でも自由に時代を往来できる本書は、ここで、話の対象を、ホモ・サピエンス、すなわちあなた自身の身体に切り替えてしまいたいと思う。

この後、つねに頭に置いておいてほしいのは、ホモ・サピエンスの特殊性を支える根源が、プロコンスルのようなサルをアファール猿人のような二本足のヒト科に作り変えた、その転換点に始まっているということである。二足歩行という、意外に行き当たりばったりに起こってしまった、ヒト科の始まり。そういう進化史背景を認識しながら私たちヒトの身体を理解することは、普通の医学による、あるいは星の数ほど居る標準的臨床医によるヒトの身体の理解とは、まったく異なったものとなる。しばし、進化の歴史を引きずった、数え切れない設計変更を繰り返した産物として、このホモ・サピエンスなる動物の、設計変更の跡を見てみることにしたい。

3-2 二足歩行を実現する

ヒトたるものの足

温泉へ行くと、大抵は湯上りの場に、足裏をモゴモゴと掻きむしる機械が置いてある。誰が買うのかと興味はあるが、通信販売の広告でもこの手のマッサージ器は定番だ。東洋医学や健康産業、ときには怪しい教祖様が扱うもっとも普通の身体の一部として、どうやら土踏まずは気勢を上げているようだ。だが、実際のところ、かくあるヒトの土踏まずは、何も温泉の余興のために作られているのではない。それは、二足歩行に必須の巧妙な重量配分機構なのだ。

まず四本足の動物と私たちヒトの、足の底の部分に見られる根本的な相違が問題だ。四本足の動物はもちろん跳躍している特定の一フェーズでは四つの足が同時に地面を離れる瞬間もあろうが、基本的には、進行方向の前後のバランスに悩むことは少ない。哺乳類は多かれ少なかれ身体の前半身に重心が寄っているので、普通、後ろ足には前へ倒れそうになる力が働いている。

分かりやすい反例は、一九八〇年代半ばに車のテレビCMで一世を風靡したエリマキトカゲだろうか。爬虫類ではテールヘビーな身体の構造が一般的で、しかも後肢の筋力がかなり強い。だから、彼らは走り出そうとすると、あの名優エリマキトカゲのように、前足が空転して最後には身体が反り返っていくことになる。そういう意味では爬虫類の四肢端はあまり優れた設計になってはいないが、いずれにしてもこれは爬虫類のレベルのトラブルだ。哺乳類は後肢が前に倒れてしまうという問題を解消できれば、四本足で走る上では、後ろ足の先に本質的なトラブルは生じないだろう。それをいいことにといっては語弊があるが、競馬場のサラブレッドでも一目瞭然のように、速く走る哺乳類の多くは、指の先端の爪先だけで地面に立っている。四本足なら、爪先立ちでも前後に倒れる心配はないのだ。

しかし、ヒトで、爪先立ちをしてもいつまでも転ばないのは、ダンサーくらいのものだろう。アファール猿人もホモ・サピエンスも、四本足の動物がもっていた絶対に倒れないという設計上の利点を失ってしまった。ヒト科は、前後も左右もまったくバランスを欠く状況に最初から追い込まれてしまったといえる。後ろ足先の力学的なバランスの維持など、ヒトの二本足への改造の結果生じた無数の不都合のただひとつでしかないのだが、それでもこのグループにとっては、歩行はもちろんのこと、ただ立っていることすら覚束なくなるという窮地だ。

それを解決したのが、ヒト科の〝後肢〟端の形なのだ。まず、読者は自分の踵《かかと》から先をよく眺めてほしい。言われてみて気づくかもしれないが、ヒトの踵に当たる部分のサイズはかなり大きい。数字嫌いの人も多いだろうから、細かく数値を出すのは後ほどにするが、実際のところ、ヒトの〝踵周辺〟は霊長類全体を見渡しても異様に大きい。そして、その割に指自体はあまり長くなっていないことに気づくだろう。木に登る普通のサルたちがよく後ろ足で枝や茎を握っているのを見ると、ヒトにはまるで真似のできない所作であることが分かる。要するに、ヒトの後ろ足には把握の機能は欠けているのだ。

だが一見何の役にも立ちそうにない、〝踵周辺〟はごつく発達し、〝足の平〟も指の短さに比べたらかなり大きい。亡くなったジャイアント馬場さんがスローモーションさながらに繰り出していた十六文キックを持ち出す必要もなく、ヒトは平均的なサイズの〝足の平〟であっても、それなりの存在感を示す。実をいえば、私のような形を扱う学者が遺体や標本で最初に目をつけるのは、形がもっている大きさなのだ。サイズが大きいことは、形に無視できない機能が備わっていることの一つのヒントでもある。そして、実際あなたの〝踵周辺〟と

〝足の平〟は、見事にその役割の重要さを、大きさで示してくれているのだ。

アーチに託すバランス

ここで、わが足にもう一押し知力を注ごう。といっても足を側面から見てみるだけで、とりあえず用は足りる（図38）。指、〝足の平〟、そして〝踵周辺〟が作る側面のラインに、ヒト科が最大限試みた設計変更を見て取ることができるのだ。ちなみに、指の骨を指骨、〝足の平〟の骨を中足骨《ちゅうそっこつ》、〝踵周辺〟の細かい骨を足根骨《そっこんこつ》と呼ぶ。ヒトの意匠は、この指骨、中足骨、足根骨でもって、合理的アーチ構造を描いていることにある。これは、まさに土踏まずの骨組みに当たる部分だ。

皆さんは平らな地面にすっくと立てば、自分の体重が、だいたい中足骨の前の方と、踵の二箇所に分散していることに気づくだろう。全体重が地面に垂直に向かう重力として描かれるから、ちょうどその力は、巨大化した〝足の平〟の前後に分散し、岩国の錦帯橋ならぬあなたの足のアーチに対して、力学的にうまく配分されることになる。五〇キロからの重力を、かなり狭い範囲に広げながら、垂直に二本足で立つ物体を安定させるなら、ヒトの作ったこの土踏まずとアーチの組み合わせは、実に合理的だ。もし、このアーチが出来ていなかった

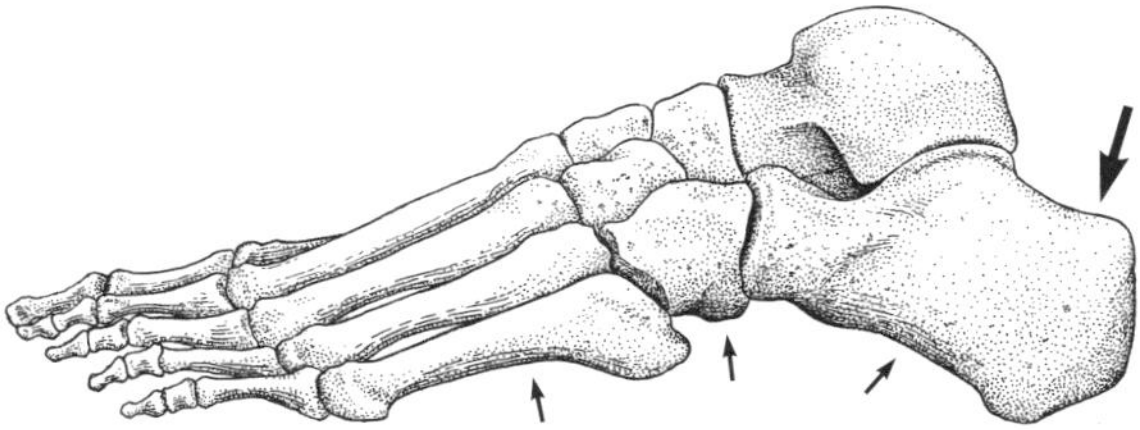

（図38）ヒトの左足の骨。指は物をつかむには心もとないが、大きな〝足の平〟が目立つ。しかも、それは大きなアーチ（小矢印）を描いているではないか。大矢印はアキレス腱が付着する踵の骨。〝踵周辺〟が巨大化するのが、ヒトの特徴だ（国立科学博物館・渡辺芳美氏描画）。

ら、おそらくヒトの祖先は、爪先か踵のどちらか一点で全体重を受けることになり、少なくとも前後のバランスがコントロールできない事態に陥ったはずである。

さらにいうと、ヒトはただ突っ立っているだけではない。重心を巧みに移動しながら、二本の足を交互に接地させて歩く。歩くときに、私たちは、踵から脛《すね》を前に倒し、次第に体重を〝足の平〟の前方から指近くに移動して、地面を蹴る。最後に地面を蹴っ飛ばしているのは、実は親指だ。次に接地するときは踵から足を下ろし、次第に体重をアーチの後方から前方へ配分していく。こういう体重移動は、自分たちヒトのことゆえ、考えることなく日々実行していると思うが、研究成果としては、昔は丈夫なガラス板の上を歩いて下から観察したり、足の裏にインクを塗って紙の上を歩いてみたりして、データを集めていった苦労の産物だ。いまでは重心の移動を機械で可視化するような、床面に工夫を凝らした測定機器もできていて、詳細なデータがたくさんとられるようになっているが。

この歩行の各段階を見たときに皆さんが気づかれるのは、ヒトの踵の動きの重要性だろう。体重を前に動かし始めてから、地面を蹴り、また踵から接地して体重を前へずらしていくという過程で、体重のほとんどすべてが片側の足の踵の骨にかかっている瞬間があることが見えてくる。実は二足歩行では、アーチで体重を分けておくことと同様に、瞬間的でも非常に大きな力を、〝踵周辺〟で取り扱わなければならないのだ。

足の緻密なデザイン

さて、ここで登場するのが、かの怪力男もここを射られては形無しという、アキレス腱である。アキレス腱は、ヒトの巨大化した〝踵周辺〟につながっているコラーゲンの塊だ。このアキレス腱がどこから来ているかというと、腿や膝の皿の近くから発した腓腹筋《ひふくきん》なる大きな筋肉、つまりはふくらはぎから、出発している。腓腹筋とアキレス腱については、その機能を知りたかったら、ちょっと椅子に腰掛けて、足先を足首から上下に動かしてみたらいい。〝踵周辺〟を大きく上の方向へ引っ張り、〝足の平〟を前の方に向けて下げる動作をつかさどっているのが、腓腹筋とアキレス腱だ。不死身のはずのアキレスが、ここを射られて敗れ去ったという話はもっともで、この腱が機能を失ったら、ヒトは二度と地面を蹴ることができなくなってしまう。

もちろん、四足歩行をする動物の後ろ足でも、歩行のために腓腹筋やアキレス腱はとても重要だ。しかし、二足歩行のヒトにおける重要性は、その比ではない。全体重を一点に集中させながら、地面を蹴る作業に入るわけだから、五〇キロくらいの重さの動物としては、ヒトのアキレス腱はとてつもなく丈夫だ。そして、骨でいえば、アキレス腱のつく〝踵周辺〟の骨が、他の動物やサルたちと比べて、異様に大きいということができる。

数字を挙げずにここまで話してしまったが、少しは客観的な説得力を欲しがる読者のために、このあたりのことをいくつかの論文からデータとして引用してみよう（表1）。この表に並ぶのは、これまでふれてきた話の重要な部分を表現する数字だ。

まず足全体、つまり踵から爪先までの大きさを比べてみよう。もちろん、霊長類によって身体の全体の大きさが異なるので、フェアに比較するために、ここでは背骨の長さで割り算している。ヒトの四三・八という数字は、多彩な霊長類の中では標準的なものかもしれない。また、中足骨を今度は足の長さ全体で割った値、三〇・四も、それ自体はさほど大きな値ではない。アーチを懸ける主役の中足骨はたしかに立派に発達してはいるが、ほかのサルとて、骨の長さだけならあまり負けてはいないことが分かる。

さて、ここからが問題だ。〝踵周辺〟を足全体で割り算した値、五〇・二は非常に大きい。実はガラゴとメガネザルという連中がヒトに匹敵するのだが（表1）、種を明かすと、この二つのグループは霊長類の中でも、例外的に後ろ足を使って樹間をジャンプして暮らすという、たいへん特殊化したものだ。腓腹筋でジャンプ力を稼ぐために、アキレス腱が付着する足根部が巨大化しているというのが内実だ。この二群を除けば、ヒトだけがこの数値においては際立って大きい。

次に、中指を使って、指全体の相対的サイズを表している一九・四という値は、ヒトの指が足と比べて極端に小さいことを示している。サルたちと比べて際立っているのは、足に占める指の長さの割合が小さいことなのである。実はこれは、先にふれたように、ヒトが後肢での把握機能を失っていることを示す値だ。こんなに短い指では、枝も茎もつかむことはできない。

一方で、親指の比率に関しては、一〇一・八という数字がある。一〇〇を超えるということは、中指より親指の方が長いわけだが、考えてみれば、そんな霊長類は確かにヒトくらい

表1　足の骨の相対的な大きさを霊長類間で比較した数値

種類（属）	1	2	3	4	5
キツネザル属	42.8	27.2	36.9	35.9	73.0
ホソロリス属	40.0	24.4	30.5	45.1	75.8
ガラゴ属	55.7	15.9	53.3	30.8	71.5
メガネザル属	83.2	20.3	48.5	31.2	71.9
タマリン属	42.3	35.2	27.7	37.1	45.7
マーモセット属	42.5	36.2	27.6	36.2	45.4
リスザル属	41.0	32.8	30.5	36.7	54.5
オマキザル属	46.2	31.5	31.5	37.0	64.0
ウーリーモンキー属	44.8	28.4	31.3	40.3	57.7
マカク属*	43.1	32.7	31.8	35.5	55.2
リーフモンキー属	45.1	31.9	29.9	38.2	50.2
コロブス属	42.3	31.4	29.6	39.0	45.9
テナガザル属	51.6	31.2	27.2	41.6	66.8
オランウータン属	59.3	30.7	26.1	43.2	35.0
チンパンジー属	47.0	30.1	33.8	36.1	70.0
ゴリラ属	46.1	27.7	40.0	32.3	67.5
ヒト属	43.8	30.4	50.2	19.4	101.8

1. 踵から爪先までの長さを背骨の長さで割った割合
2. 第三中足骨（中指に連なる“足の平”）の長さを踵から爪先までの長さで割った割合
3. 踵をつくる骨の長さを踵から爪先までの長さで割った割合
4. 中指の長さを踵から爪先までの長さで割った割合
5. 親指の長さを中指の長さで割った割合

Schultz（1963）より要約して引用。適宜10の累乗を掛け、見やすい位取りをした
*聞き慣れない言葉かもしれないが、おなじみのニホンザルを含むグループである

のものだろう。だが、この数字には大きな意味が込められている。親指が大きめに作られる理由は、さきに少しふれたが、体重移動をしながら足を地面から離すときに、最後は内側にある親指で地面を蹴るようにしているという、ヒトの二足歩行の要求に応えたものだ。

骨から得られた数値は、ヒトの二足歩行向け改造が、どれほど大変だったことかを物語るものだ。数字を見れば、霊長類多しといえども、後ろ足の踵から先に向けて、ヒトはかなり大胆な設計変更を成し遂げたことが見て取れただろう。普段は、そうあることが当然のようなヒトの足の形だ。しかし、そこには、ヒトの二足歩行を根本から支える進化のデザインが緻密に組み込まれているのである。あなたの足先には、それだけの意匠が輝いていると、誇りに思うべきかもしれない。

身体を九〇度傾ける

さて、足にアーチを作るのは確かに大事だが、実際に二本足で身体全体を立てようとすると、身体を破綻させるだけの新しい問題が生じてくる。それは、身体から見て、重力のかかる方向が九〇度回転するという〝事件〟である。脊椎動物たるもの、四本足で陸に上がって以来、基本的な身体の形にかかる重力は、つねに腹側から地球の中心に向かう方向だった。

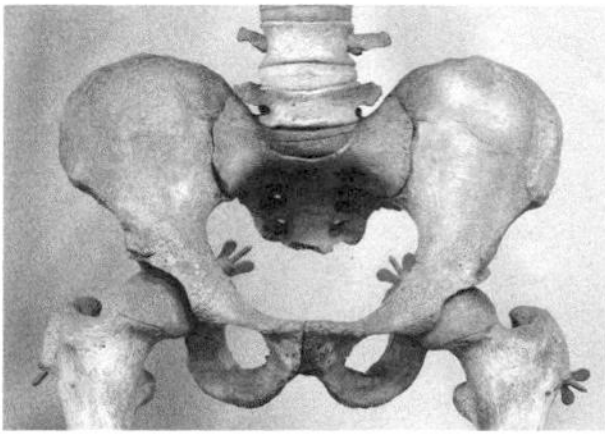
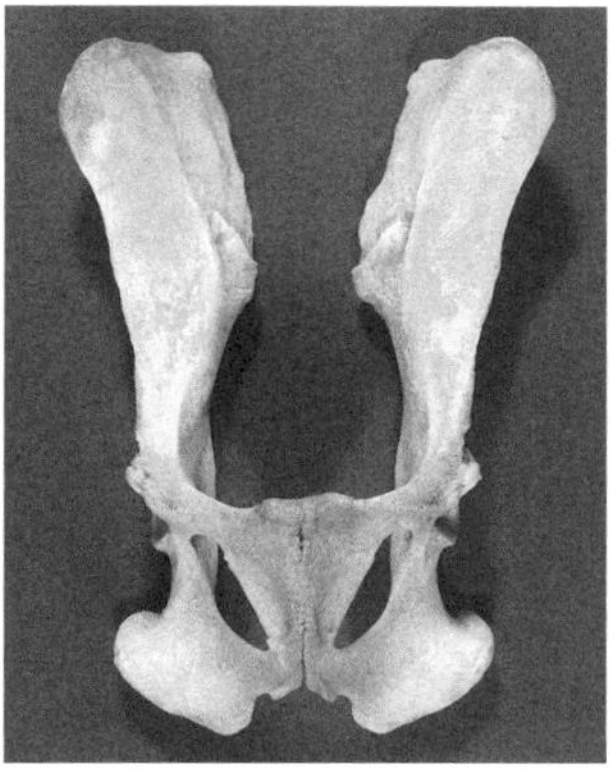

（図39）ヒトの骨盤（左）とニホンザルの骨盤（右）（国立科学博物館収蔵標本）。ヒトの標本は背骨や足の骨と連絡してある。

水から陸に上がって以降の三億七〇〇〇万年弱の間、脊椎動物が受けてきた重力の方向は、決まりきっていたのである。

　ところが、ヒト科はその当然に対して果敢に挑戦してしまった。二本足で地上駆動するということ以前に、背腹だった重力の方向が頭尾に回る。それを日常のものとするために、アファール猿人は、たくさんの新しい設計変更を身体に取り入れ、また同時にいくつかの失敗をも抱え込んだといえるだろう。

　まず、アファール猿人もそして私たちヒトも、ほかのサルたちに比べたら、格段に幅の広い骨盤をもっている（図39）。骨盤というのは、実際には、腸骨《ちょうこつ》、恥骨《ちこつ》、坐骨《ざこつ》という三種類の骨が癒合した腰の骨のことだ。

　この骨がなぜ幅広いかということのひとつの答えが、九〇度回転した重力に対して、どう内臓を支えるかという設計意匠に秘められている。あらゆる四本足の動物にとって、腹や胸のなかにある臓器は、重力によって、腹筋や肋骨の方へ落ち込んでいこうとするから、内臓が勝手に暴れ出さないように押さえるための装置を使用する。そのもっとも基本的な策は、背中から膜で吊り、地面に近い腹の壁で下から支えるというものだ。あらゆる動物の内臓は、背中から吊って、腹側で受け止めておくという方法で、重力に対抗してきた。

ところが二足歩行をしはじめたが最後、重力は身体の尾側へ向かって内臓を引き下ろすように働く。こうなると、四本足のときのままでは、どんどん臓器が落ちていってしまう。加えてヒトは哺乳類だから、妊娠でもしようものなら、普段よりずっと重い子宮が骨盤を目指して落ち込んでいく。

そこで講じられた決定打は、骨盤を杯のように広げて、内臓を下から支えることだ。この仕組みがありさえすれば、内臓は落下防止のための頑丈な床面を得ることになる。何せ、四本足のときの腹壁が筋肉で出来ていたのに比べて、今度は巨大な骨の塊が床になる。下から支えるということに関しては、これほど心強いものはない。むしろ筋肉主体で腹壁が支えていた時代に比べて、骨盤の方が堅牢さにおいては上だろう。ただ問題に思われるのは、〝床面積〟が小さ過ぎることだ。

内臓を〝固定〟する

一方、四本足時代は、背中というよくできた天井から吊られていた内臓だが、吊る側も九〇度の回転を求められることになる。読者としては自分の身体で考えればいいわけだが、九〇度回してみると、内臓の新しい天井は横隔膜ということになってしまうだろう。

実際、ヒト科に入った段階で、横隔膜と内臓との関係が、普通の四足獣とは劇的に異なってきたといえるだろう。まず、ほかの動物と比べて、肝臓や胃といった大きめの臓器が、明らかに横隔膜との連結を強めている。肝臓はもともと横隔膜に複数の膜で結び付けられていたのだが、真に重力に抗していたのは、横隔膜から肝臓の背中寄りを貫いて身体の後半へ向から後大静脈の周辺だ。肝臓にかかる重力の大半は後大静脈が吊り下げているかと思われるほど、懸垂に適した構造になっている。ところが、ヒト科では、これらを横隔膜から吊り下げなくてはならない。そこで、ヒトは、とても単純ではあるが、肝臓の上面、つまり胸部に面した側を、べったりと横隔膜に接着してしまっている。つまりは、薄い膜で吊るくらいでは、重力をまともに受けたら、肝臓の位置が決まらないということなのだろう。それならいっそのこと、肝臓の広い面積を横隔膜に密着させてしまう方がいいということだ。

さらに、私の本当に小さな仕事になるのだが、オランウータンで肝臓の形状に関心をもったことがある。多くの動作のときに身体を垂直に立てようとするこの動物は、やはり、内臓にかかる重力は、ヒトと同様に骨盤の方向に向かう場合が生じる。そこで、オランウータンの肝臓が重力に抗するような形になっているのではないかと疑ってみたのだ。

観察結果だが、彼らの肝臓は、横隔膜への接着も強固だが、普通の四本足の動物の肝臓にありがちな辺縁の凹凸が少なく、大雑把にいうと丸っこいシルエットにまとまっていた。実際にはＣＴスキャンのような道具で形状を記録して、どのくらい丸っこいかという議論をするものだ。どうやら、重力が骨盤側からかかっても、辺縁部がそれに引っぱられてぶらぶらと変形してしまうような柔な肝臓であることを避けるために、丸っこい塊に進化したのだという推測が成り立ちそうだ。いずれにしても、類人猿の内臓の懸垂の方法やそのプロポーションは、まだまだ検討を繰り返さなくてはならない問題がいくつもある。それぞれの問題が、ヒト科の内臓の形の特徴を理解するうえで、重要なことを教えてくれるに違いない。

たかが二足歩行かもしれないが、ただ単に足の本数を半分に減らせば済む問題ではないことが見えてきたと思う。設計変更と改造は仔細に及ぶ。内臓の話題も際限なく広がるのだが、ここは一休みして、もう一度足の運動を見よう。こんどはお尻の筋肉や腿の付け根あたりに着目してみようか。

巨大なヒップの謎

さて、私が中学生のころだったたか、オリンピックの女子フィギュアスケートでがんばっていた渡部絵美さんの宿敵に、デニス・ビールマンという選手がいた。一九六二年生まれのスイス人だ。彼女が得意としていたのが、その名もビールマン・スピンと呼ばれる決め技だ。後方へ大きく振り上げた足先を頭上近くで手でつかみ、もう一方の足を使って氷上で回転を続けるという、一九七〇年代ならば、それだけで観客を十二分に驚かせるインパクトにあふれたものだった。

時移り、二〇〇六年のトリノオリンピックでは、猫も杓子も出てくる選手がみな当然のようにビールマンをこなしてみせる。見事に金メダルをもぎとった荒川静香さんのイナ・バウアなる得意技の名が、三〇年後に日本人の記憶に残っているかどうかは確信がもてないが、ビールマンの名は永遠だ。オリンピックでのメダルとは縁のなかったビールマン本人だが、技に名を残すというのは、それだけで競技者冥利に尽きるというものだろう。

ここで解剖学的に話題となるのは、このスピンで起きている後ろ足の振り上げ運動だ。胴に対して、後ろに足を跳ね上げるというのは、これこそ二足歩行動物というだけの、ホモ・サピエンスの奥義といえるものだ。骨盤から後方へ足を投げ出すというのは、わがヒト科の独壇場である。まずは先にふれた、杯のように広がった骨盤から話を進めてみたい。

先に、ヒトは広がった骨盤で内臓を受け止めていると書いた。だが、この大きな骨盤の本質を見ると、何もヒト科は内臓を受け止めるためだけに、杯のように広がった巨大な腸骨を進化させたわけではない。問題の部位を斜め後ろから見てみよう（図40）。

ヒト科と、もともと四本足で歩いていた時代のサルとは、骨盤から見て、腿《もも》の骨（大腿《だいたい》骨《こつ》）の伸びる方向が九〇度変わってしまっている。サルや普通の獣の場合、水平に置かれた骨盤から、九〇度弱折れ曲がって地面に向かう大腿骨を動かすことで、歩くことが可能だ。だが、ヒト科では、大腿骨は地面に垂直に立ったままだが、事もあろうに、サルで背骨に平行に伸びていた骨盤までもが、背骨といっしょに垂直に立ってしまったのだ（図40）。

このことは、ヒト科を歩かせようとすると、非常に大きな問題を抱え込むことになる。簡単なことなので、少し自分の大腿を前後に蹴りながら考えてみよう。四本足の動物が足を後ろに蹴り出したときの骨盤と大腿骨の関係が、私たちヒトが普通に立っている状態に近いことに気づくだろう。背骨と骨盤と大腿骨が、かなり直線的に平行に並ぶ私たちの安静姿勢は、四本足の動物が思い切り足を後ろへ投げたときと、大雑把にいうと似てくることになる。

となると、私たちが歩くには、大変なトラブルが生じる。思いっきり後ろに投げ出してしまった大腿骨を、さらに後ろに蹴らなければ、ヒトは歩くことができないではないか。左様、四本足の動物でいえば、後ろ足を大空へ向けて投げ出すほどの、とんでもない運動を、歩くたびに起こさなければならないことになる。

この問題を解決するために、ヒト科が導き出した設計変更の解答は、かなり鮮やかなお手

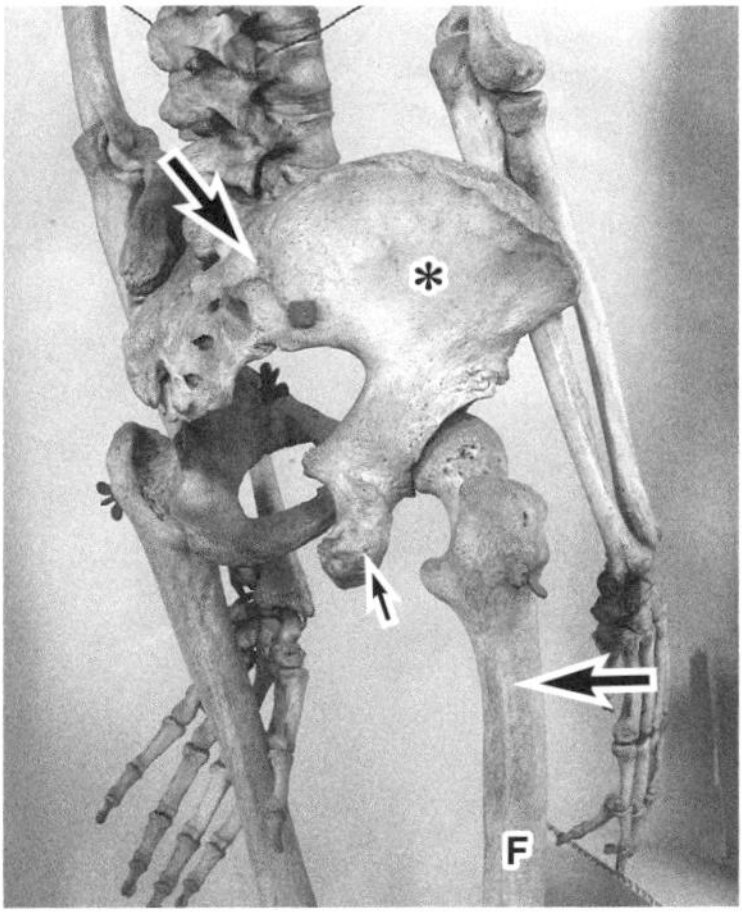

（図40）ヒトの腰付近の右後ろ姿。Fは大腿骨。大きく広がった腸骨（アステリスク＝＊）は、内臓を下から受け止めるが、ここから腿へ伸びる巨大な筋肉（大殿筋）が、足を後ろへ曲げるために発達しているのだ。大矢印は、大殿筋がつなぐ腸骨と大腿骨の付着部位を示す。歩行運動のために不可欠な位置にある筋肉だ。小矢印は、大腿二頭筋という筋肉が起始する坐骨の領域を示す（国立科学博物館収蔵標本）。

並みである。それは、地面に対して垂直に立ってしまった骨盤から、さらに後方へ腿を蹴り出すという策だ。第一には、そんな無理な曲げ方をしても大腿骨が骨盤から脱臼しないように、大腿骨のはまり込む股関節《こかんせつ》の窪みが深くなって、確実に〝後ろ足〟を繋ぎとめるようになったことだ。そして、より注目すべきは、お尻を巨大化させて、足を後ろへ蹴る筋肉を作り上げたことである。

確かに裸のヒトを見れば、巨大なヒップがあまりにも目立つ。サルの時代よりはるかに巨大化した腸骨（図39、図40、前掲）の広がった面積を利用して、比べようもなく大きくなったお尻の筋肉が、足に向けて起始する。それゆえ、たかだか五〇キロ前後の動物にしては、ヒト科、少なくともホモ・サピエンスは、お尻の骨と筋肉全体が、異様なまでに大きい。

当たり前すぎるから気にしないかもしれないが、大きな骨盤と大きなお尻の筋肉は、この動物のプロポーションとしては異様なものだ。お尻の筋肉は、大殿筋《だいでんきん》（あるいは浅殿筋《せんでんきん》）と呼ばれていて、腸骨の背中側寄りから大腿骨の後面を結んでいる（図40、前掲）。この位置に大きな筋肉があれば、たしかに垂直な体軸から腿をさらに後ろへ蹴る動作が可能になってくる。もし四本足の動物なら、これは後ろ足を空へ向けて投げ出すという、彼らには絶対にできない運動に相当する。

一方で、美女のプロポーションで話題の種、骨盤の側面への張り出しは、大殿筋のためとは必ずしもいえない。少し専門的になるが、ヒップの幅に直接関係するような骨盤の側方への広がりにもっとも恩恵を受けているのは、大殿筋の隣を走る中殿筋《ちゅうでんきん》という筋肉である。中殿筋は、杯のように広がったヒトの骨盤の外側寄りの領域に大きな起始面をもつことができている。そして、ここから大腿骨の外側寄りを結び、腿を引っ張っていることになる。二足歩行の蹴り出しの主役たる大殿筋ほど華やかなスポットライトを浴びないかもしれないが、これも二足歩行には欠くべからざる筋肉だ。中殿筋は、腿を外側へ投げ出す、あるいは股を開く動作のときによく働くはずだ。ただし、内股やガニ股を作る際にも活躍するであろうし、単調な運動を作り出す大殿筋に比べると、大腿部に複雑な運動を起こすことができるので、地味には見えても、二足歩行においてはとても重要な役を果たしている。実際、ヒトの場合、歩行中に片足が宙に浮く瞬間があるが、そのときの左右方向のバランスを股関節周辺でコントロールしているのは、この中殿筋である。

筋肉の設計変更

大殿筋も中殿筋も、四足歩行の時代には、重要度でいえば地位の低い筋肉だったといえる。

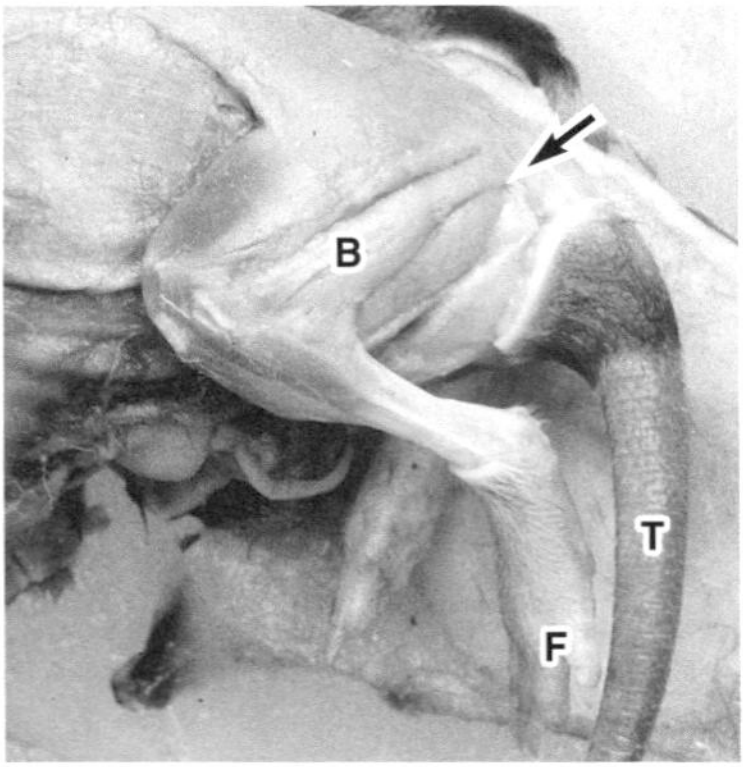

（図41）写真は、コメテンレックという四本足の哺乳類を使って、左後ろ足を外側から見たところだ。皮を剥いてあるが、足先（F）や尾（T）が見えているので、動物の形が理解できると思う。四本足の獣にとって歩くときに大切なのは、大腿二頭筋だ（B）。この筋肉は、殿筋と異なって、骨盤といっても坐骨（矢印）から発していて、腿、膝、脛の広い領域に達している。普通の四本足の哺乳類は、この筋肉を使うことで地面を蹴って前へ進む。

もちろんこれら殿筋は、普通の獣でも股関節の伸展や屈曲のおもな動力になっているから、忘れてはいけない筋肉だろう。だが、四本足の哺乳類が歩くときに用いている力の強い筋肉は、殿筋とはまったく別の設計図をもつ、大腿《だいたい》二頭《にとう》筋《きん》という筋肉である（図41）（遠藤秀紀『ウシの動物学』『哺乳類の進化』）。四肢を使って生きるすべての哺乳類にとって、大腿を後ろへ蹴る運動においてもっとも重要なのはこの大腿二頭筋だ。実際、四本足の普通の哺乳類の歩き方を研究するとき、大腿二頭筋は検討対象の筆頭に挙げられるほど重要な筋肉となる。

大腿二頭筋と殿筋。その明確な違いは、筋肉の発する場所にある。先に話題にした、二足歩行に使う殿筋群は、位置の違いはあっても、おもに腸骨から発している。しかし、一方の大腿二頭筋のスタート地点は坐骨とよばれる部位だ（図40、前掲）。地面に水平の骨盤が大腿骨を後ろに引いていく四本足歩きの状態ならば、坐骨からスタートする大腿二頭筋はもっとも理想的な位置にあることになる。しかし、骨盤を立ててしまったヒトでは、坐骨と大腿骨を筋肉で結んでも、大腿を後ろに引く力は得られない。かくして、歩くことにおいては、大腿二頭筋は、殿筋群に主役の座を明け渡してしまった。事実、ヒトの大腿二頭筋というのは、大殿筋に比べたら、申し訳程度の大きさに縮小してしまっている。これもまた、直立二足歩行に移行したときに必ず必要とされた設計変更だ。杯のように広がったヒトの巨大な腸骨とそれにまつわる殿筋の発達は、二本足で生きるための設計変更の中でも、かなり劇的な改造点ということができるだろう。

実をいうと、この節では、アファール猿人ほか東アフリカの二足歩行のパイオニアたちにふれることが、若干ためらわれてしまった。というのも、少なくとも初期の猿人の二足歩行の様式には、まだ解決していないことがいくつもある。先に通称をとりあげたルーシーは、とてもよい骨盤の化石を遺してくれているのだが、本当にアファール猿人がホモ・サピエンス並みに骨盤を垂直に立てられたかどうかは、いまでも議論の生じ得る点だ。とくに、アファール猿人では股関節が二足歩行用に完成しているとは思われず、ヒトと同じように後ろへ蹴り出すと、大腿骨が骨盤から躍り出してしまう可能性がある。つまり、ヒトと同様の姿勢で歩こうとしたら、腿が脱臼してしまうかもしれないのだ。初期の猿人の骨盤が大腿骨に対してどういう角度で立ち上がっていたかは、もう少し考え続けたい内容だ。

S字に込められた意匠

ところで、多くの人がどこかで聞いていることかもしれないが、垂直方向に立った骨盤から立ち上がる背骨だが、実はまっすぐとは程遠い。横から見て、大きくS字を描くのが、ヒトの特徴である。S字といっても、曲線に調和のとれたS字ではない。頸《くび》から降りてきて、胸部付近はなだらかに背中側へ膨らむ。次に腹部で緩く腹側へカーブして、逆に腰付近では急激に背中寄りに曲がりながら尾部に達するというものだ（図42）。

実をいえば、サルをはじめ普通の哺乳類の大半でも、背骨はまっすぐ並んでいるわけではなく、軽いカーブを描いている（図43）。もともと胸部付近で軽く背中寄りに湾曲しているものなのだ。そして、これを骨盤ごと垂直に立てたとして、一番影響を受けるのは、腰の辺りだ。骨盤は垂直に立ち上がってくれているのだが、骨盤と関節をつくる仙骨のあたりはかなり前寄りに倒れたままだ。四本足時代には、この仙骨から一連の背骨が緩く曲がりながら連なっていればよかったかもしれないが、ヒトの背骨は空を目がけて登っていかなくてはならない。だから、ヒトでは、背骨の列は、腰椎のあたりで急カーブを描いて地面から垂直方向に立ち上がっていくことになる。こうして、必ずしも美しいとは思われない、背骨のS字の曲線が出来上がっているのだ。

このS字は、ヒトの重心の位置を決める上で、大事な役割を果たしている。あなたの家の飼い犬でも、わが道を行くニャン子たちでも、ご覧の通り、四本足の哺乳類は、身体の前半身に重心を置いて、前足に体重をかける感じで走っているから、その半身を立ち上げて重心を後ろ足の真上に持ってくるというのは、相当困難な所業に違いない。そこで、このS字に

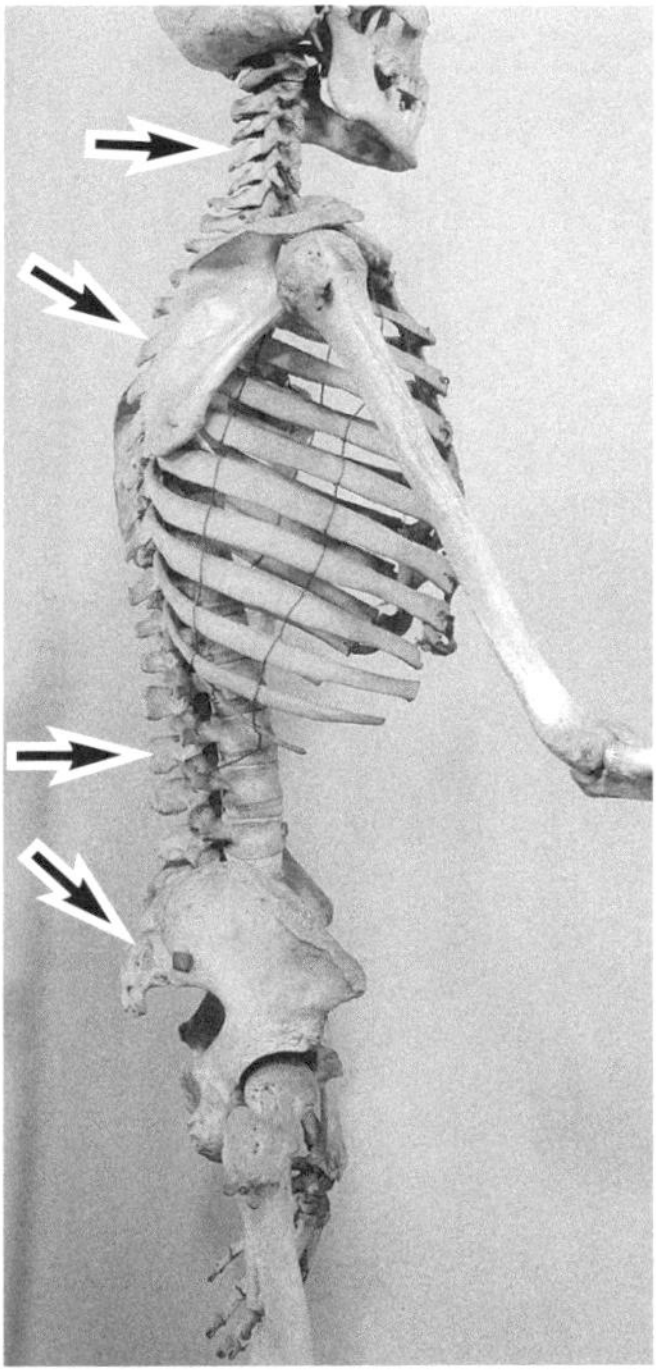

（図42）ヒトの背骨の並び（矢印）を側面から見た。背骨は直線に並ぶわけではない。S字状に連なるのも、ヒト科に生じた設計変更の証だ（国立科学博物館収蔵標本）。

よって、後ろへ後ろへ上半身の体重を乗せていくことで、ヒト科は、大腿骨の真上に、胴体も頭もしっかりと安定させておくことができるようになったのだ。パイオニアの候補、アファール猿人が重心を後ろ足に乗せた方法が、いまの私たちとまったく同一なのかどうか、まだまだ謎は残っているが、猿人たちも、S字を作りながら二足歩行を獲得したこと自体は、さまざまな証拠から明らかなことだ。S字は前後方向のバランスをとるために必要な、設計の妙だったということができる。

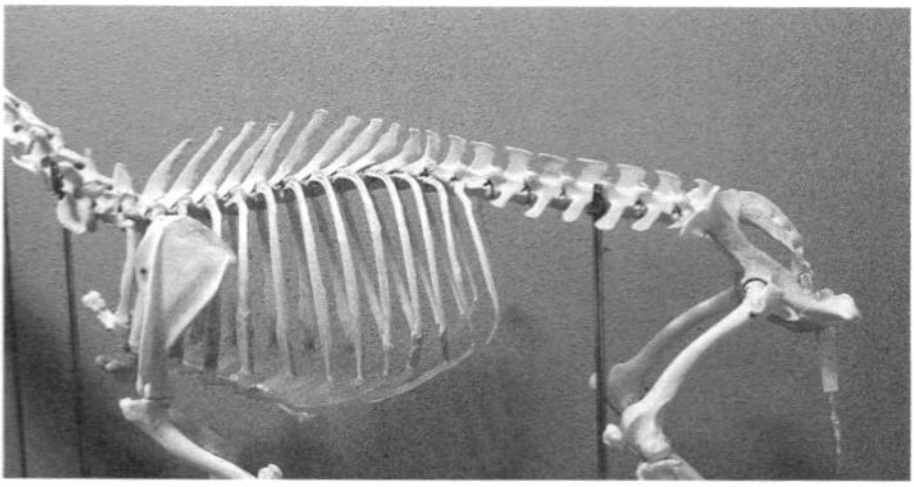

（図43）典型的な四本足の動物、シカのなかまの背骨の流れを見る。全体にゆるいカーブを描いている。概念的には、これを垂直に立ててつくったのがヒトの背骨だ（国立科学博物館収蔵標本）。

この章では、ヒトの設計変更や改造が、かなり優れていることと同時に、それが背負った宿命的な欠陥をも主題にしてきた。だが、骨盤の改造は、とりあえず、そのお手並みの鮮やかさに脱帽である。体重を後方に移動し、立ち上がった骨盤から後ろに向けて足を蹴り出す。それは、四本足の身体を、改造のオンパレードで二本足に持ち込もうとしたときに、有り得る設計変更のなかでも、もっともシンプルなデザインであるといえるかもしれない。

ちなみにさきにふれたビールマン・スピンは、もちろん普通の人には真似のできない身体の軟らかさの所産だ。股関節の形状にも、それを動かす筋肉の能力にも、個人間で生まれつきの差や鍛錬の度合いの差は大きいだろう。しかし、強いていえば、ビールマン・スピンは、鮮やかに作り変えられたホモ・サピエンスの設計変更を根本から逸脱した動作ではない。実際のこの運動は、骨盤自体を大きく前かがみに倒したうえで、スピンが始まることに気をつけて欲しい。スピンに入る選手の骨盤は、ある意味四足歩行動物と同等に、すでに低い位置までお辞儀をしている。

一定のトレーニングを積み、身体の軟らかさに恵まれたヒトならば、骨盤を傾けさえすることで、後ろに曲げきった足は、頭上まで到達するのである。少なくともヒトの股関節はそれを可能にする設計変更を遂げている。そして、あとは腸骨と殿筋にお任せすれば、かの決め技はホモ・サピエンスにとって、文字通り手の届く動作なのだ。もちろんごく一部の人間が並外れた鍛錬の結果可能となる姿勢ではあるが、ヒトとしての進化的な設計変更は、あのような一見驚くべき運動にまで、道を開いているといえよう。逆にいうと、もともと骨盤が水平になっているサルやイヌやウシやネズミの股関節に、華麗な氷上のスピンが演じられるかというと、骨の構造そのものからして不可能なのである。

3−3　器用な手

親指を回すために

　サルが放り投げ、宙を舞う骨が、機能美あふれる宇宙船に化けていく。映画『2001年宇宙の旅』の序盤の映像は、多くの読者の記憶に焼きついていると思う。動物を前へ歩かせるための装置だった前肢は、ひとたび自由になると、木の枝をつかみ、食べ物を運び、道具を作り、最後は文明を築くところまで到達する。もちろんある程度足並みを揃えて脳が進化する必要性はあるだろうが、それほどまでに前肢は、人類の運命を決めてしまっているのだ。

　ここからしばらくの間、前肢、それも前肢の端も端につながっている、私たちの親指とその周辺の話を進めてみたいと思う。親指はヒトの身体全体から見ればごく小さなパーツだが、過去おそらく五〇〇万年くらいの間に、そこに込められていった進化の意匠は、私たちの身体の歴史の中でも、かなり高度で、しかも大成功を収めた設計変更として刻まれる価値のあるものだ。

　ヒトが二足歩行で受けた最大の恩恵は、前肢が体重を支えるという責任から解放されたことだろう。本来それだけなら、ヒトの手は、使われ方や負担のかかり方としては、かえって楽になったはずである。ところが、ヒト科は、この前肢で、休まず四六時中作業をするようになった。移動を後肢に任せ、歩くときにも自由になっている前肢というのは、自然界を生きていくうえでは相当な〝武器〟に化ける。

歩くことからリストラされて、ひとたび持て余してしまった前足の肢端部分は、ヒトでは驚くべき設計変更を受け、前代未聞の精巧な仕組みに化けることになった。ヒトが獲得したそのメカニズムこそ、母指対向性《ぼしたいこうせい》と呼ばれる驚異の機構だ。

百聞は一見に如かず、だ。読者には、何かリンゴか、野球のボールか、分厚い本でも、つかんでみていただきたい。よほどの臍曲がりでもなければ、利き手の違いはあっても、親指と他の四本の指の間に、リンゴなりボールなり本なりを挟み入れたはずだ。私たちヒトは、親指とそれ以外の指を向かい合わせにして、ものを把握するのである。

「そんなこと、当たり前だ」

と思われるに違いない。

だが、世の中を見渡してみてほしい。あなたのイヌはどうか？　街角のネコはどうだ？　ペット商のハツカネズミは？　競馬場のウマは？　動物園のゾウは？　キリンは？……。一見ものをつかんでいるように見えるウサギもリスもハムスターも、よく手元を見ると、親指が向きを変えているのではなく、大きな掌と長めの指で、〝鷲づかみ〟といったところが現実の動作となっている。もう、お気づきだろう。世に動物は数あれど、親指を手首あたりからクルリと回転させて、ほかの指に近づけ、それなりの力を使って物を把握する動物は、私たちヒトだけだ。

専門家は、この親指周辺をクルリと回す仕組みを、母指対向性と呼んでいる。なぜヒトにだけこの構造が進化したかという疑問に単純な答えを用意することは難しい。しかし、ヒト科で明らかにいえることは、前肢を歩行の用途から完全に解き放ったということだ。また、もう一つの要因として、サルのなかまには、母指対向性は一般に成立しなくても、そもそも親指を含むたくさんの指が存在していて、比較的小さな設計変更で、母指対向性が実現できそうだという状況にもあるといえる。分かりやすくいえば、中指一本で走り回っているウマや、事実上中指と薬指しか残っていないウシに比べれば、ヒトへ向かう霊長類は、母指対向性を実現しやすい母体だ。

母指対向性の実現

ここで、そのヒトの母指対向性なる仕組みの、形から見た種明かしをしておかなければならない。親指を回してものをつかむこの運動がなぜヒトにおいて可能になっているかといえば、私たちの第一中手骨《だいいちちゅうしゅこつ》と大菱形骨《だいりょうけいこつ》との間に、奇妙な曲面の関節が作られているからだ。いきなり骨の用語を出したが、ひるむ必要などまったくない。第一中手骨とは、親指が連なる掌の骨。大菱形骨とは、その第一中手骨と接続している手首の部分の、さほど大きくない骨だ（図44）。

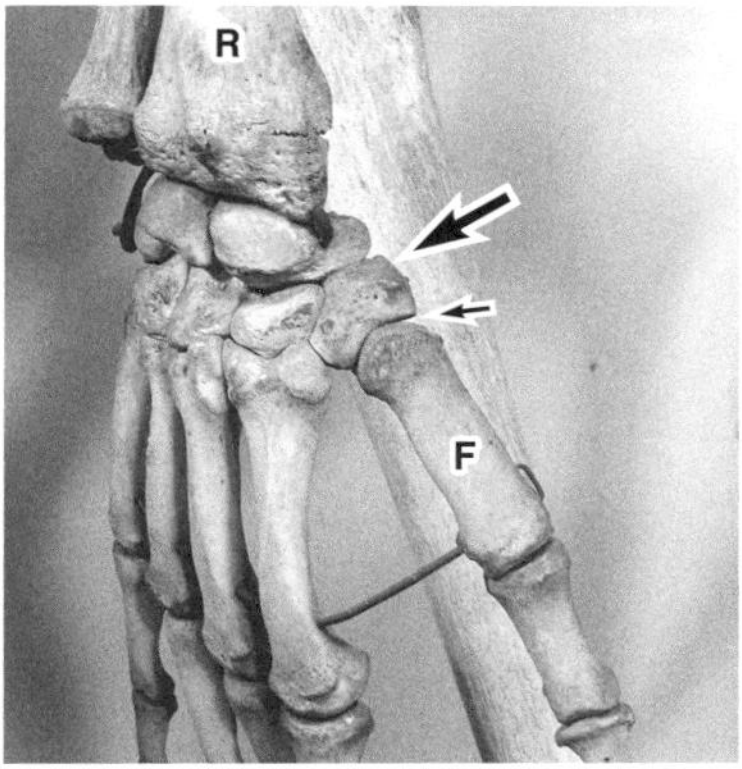

（図 44）ヒトの右手の第一中手骨（F）と大菱形骨（大矢印）。小矢印は、鞍関節と呼ばれる関節面を示す。自由度の大きいこの関節のおかげで、第一中手骨は親指ごと回転し、母指対向性を実現する。R は橈骨（腕の骨）（国立科学博物館収蔵標本）。

進化がこの二つの骨に仕込んだとんでもない造作は、骨どうしが異なる二方向に曲げられるように作られた、ちょっと変わった形の関節面だ。ご覧の通り、曲面がウマの鞍に見えることから、ヒトの手に限らず、この形の関節を一般的に鞍関節《くらかんせつ》と呼んでいる。しかし、これほど典型的な鞍関節はなかなかお目にかかれないものだ。この関節のお蔭で、親指の付け根のそのまた付け根の掌の骨は、手首を基点にただ曲げ伸ばしを繰り返すだけでなく、ほかの指と向かい合わせになるような、ほぼ九〇度異なる回転運動を起こすことができるようになったのである。

骨ばかり見ていないで、肉をつけて考えてみよう。ヒトの親指を、掌の中手骨と向かい合わせるためには、大雑把には三種類の筋肉が働いている。母《ぼ》指《し》対立筋《たいりつきん》と短《たん》母《ぼ》指《し》屈筋《くっきん》、それに

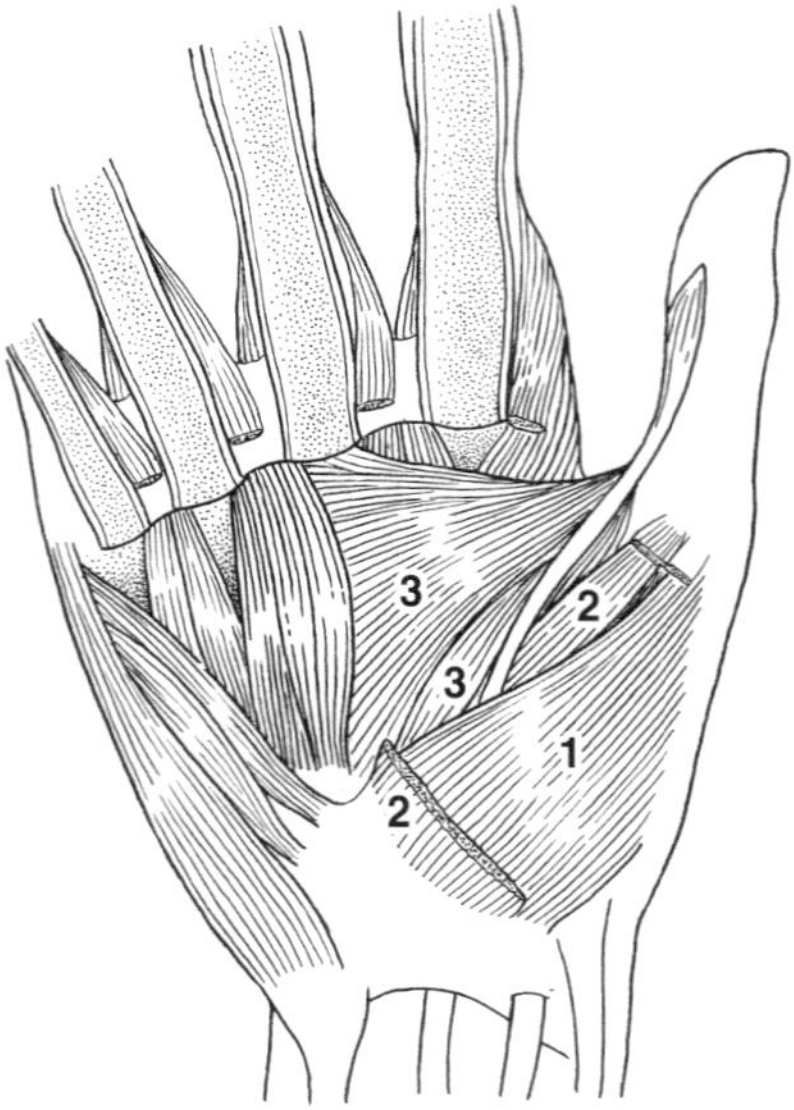

（図45）ヒトの母指対向性を実現している筋肉を、右手を例に描いてみた。母指対立筋（1）と短母指屈筋（2）、母指内転筋（3）だ。実際にどの辺にあるかは、読者自身が掌を見れば理解できるだろう。

母《ぼ》指《し》内《ない》転《てん》筋《きん》と呼ばれる筋肉だ（図45）。

さきに、母指対向性を実現したのはヒト科だけだと述べた。しかし、ある程度の例外として、サル、とくに類人猿があと一歩で母指対向という段階にまで達している（図46、図47）。だが、まだまだ、ヒトと類人猿では、到達度が違いすぎる。チンパンジーの出来かけの母指対向性は、確かに多少の真似事にはなっていても、とてもヒトの母指対向性に比肩できるだ

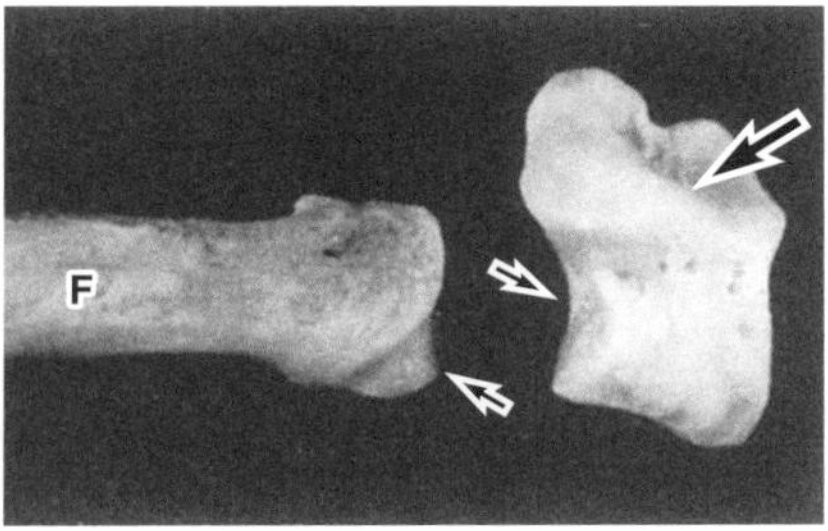

（図46）チンパンジーの左手の第一中手骨（F）と大菱形骨（大矢印）。鞍関節（小矢印）は成立しているが、母指対向性の完成度はまだまだ低い。日本野生動物医学会誌より転載。

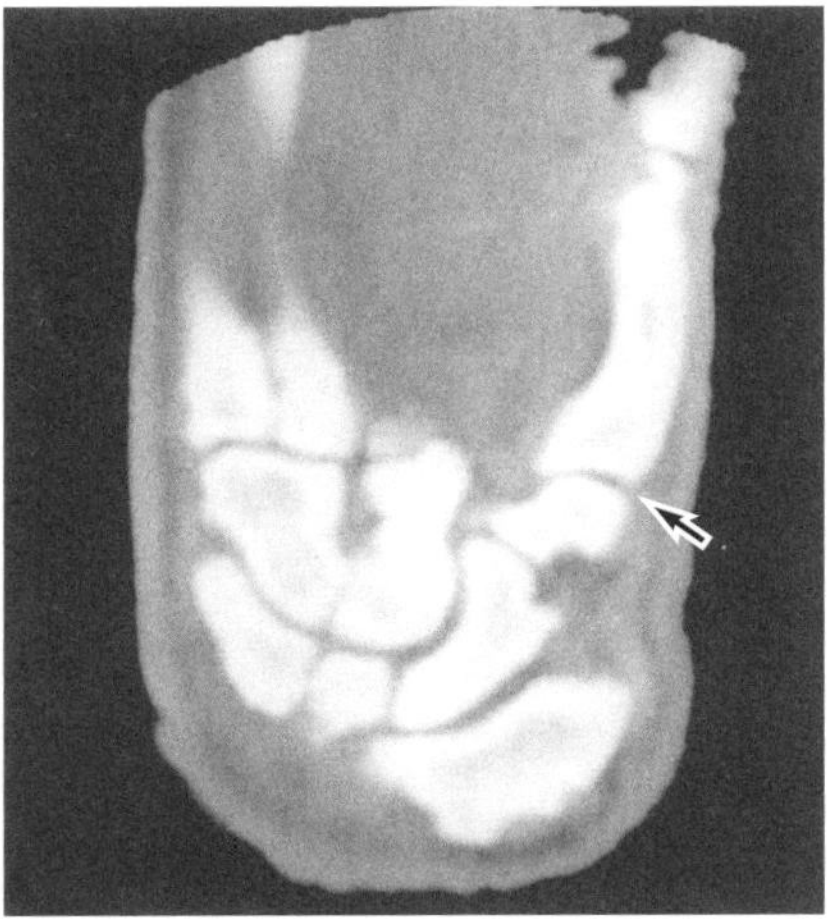

（図47）チンパンジーの掌をCTスキャンで水平に切ってみた。図の上方が指、下方が手首・腕に当たる。皆さんは自分の掌に似ていると思われるかもしれない。矢印が、問題の、あまり性能の上がっていない鞍関節だ。日本野生動物医学会誌より転載。

けの機能性を示すことはない。そのことは筋肉の大きさにも現れていて、親指を他の四本と向き合わせて、しかもそれなりの力で締めるという役割を果たす母指対立筋は、数ある霊長類のなかでも、ヒトだけでその大きさが際立っている。皆さんは自分の親指の付け根から手首にかけて、生まれつき大きな筋肉の塊が付いていることを、一度として不思議に思ったことはないだろう。しかし、それは哺乳類の中でも、ヒト科へ向かった私たちだけに備わる、類まれに優れた設計変更の結果なのだ。

3-4 巨大な脳

脳の〝力量〟

考えること、それがヒトのアイデンティティだろう。ヒトだろうと動物だろうと、脳にどのくらいものを考える力があるかという問いには、まず解剖学の目が挑むことになる。

脳もたとえば頭の大きい動物ではそれなりに大きくなったり、複雑な皺《しわ》をもったりしている。私たちが最初に目をつけるのは、脳であっても、身体のほかのパーツと事情は変わらず、まずはその種ごとの独特の大きさや形だ。だが、もちろん、哲学を語ることのできるホモ・

表2　ヒトの脳はここまで巨大化している

動物種	体重(kg)	脳容積(cc)	脳化指数の例*
ピグミーマーモセット**	0.072	6.1	0.352
ホソロリス**	0.27	6.5	0.156
ノウサギ	2.5	10	0.054
エリマキキツネザル**	3.4	32	0.142
アビシニアコロブス**	8.6	62	0.147
イヌ(ビーグル)	10	75	0.162
チンパンジー**	45	390	0.308
オランウータン**	55	420	0.290
ヒト**	65	1400	0.866
ウマ(サラブレッド)	600	600	0.084
ウシ(ホルスタイン)	650	450	0.060

体重と脳容積は標準的な数値や実測値を用いた
家畜のデータは佐々木基樹博士(帯広畜産大学)のご協力を得た
*脳化指数の例(表では便宜的に位を揃えた)=脳容積/(体重の2/3乗)
**霊長類を示す

サピエンスの脳よりもゾウのそれの方が大きいではないかという議論をするのは、形を見るセンスとして誤っている。体重五〇キロの私たちと五〇〇〇キロのダンボのモデルの間で、直接に脳の容積を比べても意味はない。

手垢に塗《まみ》れてはいるのだが、簡単に脳の容積を身体全体のサイズで割り算してみよう。よく使われるデータをもとに、体重の順で脳の容積を比較したのが表2だ。注目してほしいのは、もっとも右の列にある脳化指数という欄だ。この指数は、身体の大きさに引きずられて、脳の能力がけっして大きくない種でも脳容積が大きく見えてしまうことを補正するために、脳容積を体重の三分の二乗で割って求めた数字だ。脳の機能性を示す数値として似たような指数（示数）がいくつも提案されているから、ここでは脳化指数の例として、この式を使って議論しておくことにしよう。

脳化指数の効用はといえば、非常に大雑把でよければ、この数字が大きければ、その種が〝頭がいい〟という目安として使えるかもしれないということだ。表から明らかなように、全般にサル類、すなわち霊長類は、やはり大きな脳化指数を示している。確かにサルのなかまは相対的に大きな脳を備えているといえるだろうし、やはり〝頭がいい〟と表現されるくらいに、実際の脳の機能も高いといえる。

前にプロコンスルを例に語ったように、木に登るという生活形態が、脳の機能的発達を促し、大きな脳を生み出していったことが明らかである。サルを除くと、ウサギやウシ、ウマといった草食獣の脳が比較的小さく、反面、イヌの数値は、一部の霊長類に迫るほどである。一般に、敏捷かつ激しい運動が必要で、時には複雑な作戦を練って狩りをする肉食獣は、大脳が発達しているとされてきた。もちろん、実際に飼われている家畜のウマとペットのイヌの賢さが単純に比較できるというものではないから、脳化指数はあくまでも目安にしかならないだろうが。

さて、ここでわがヒトの出番だ。脳化指数〇・八六六という値は、もはやほかのいかなる動物と比べるべきものでもない。文明を築き、戦争を仕出かし、美と芸術の創造に酔い、宇宙の真理を求めて学術を究める能力は、この桁外れに大きな脳だけが生み出したものである。

霊長類の中でも、ヒトに追随するのは、チンパンジーやオランウータンといった、とりわけ高度な能力を備えた類人猿のみだ。もっとも彼らとて、値にすれば〇・三前後をうろうろしているに過ぎない。ピグミーマーモセットというのが、少し大きな値を示すが、これは霊長類の中でも最小クラスの体重しかもっていないことが、脳化指数の分母に効果的に影響したものと考えておくべきだろう。

ちなみにヒト科への端緒となった東アフリカの輝かしき猿人、アウストラロピテクス・アファレンシスについては、体重は五〇キロぐらいで脳容積は四〇〇ｃｃ程度だろうと、化石を計測したデータから推察されている。もし脳化指数で議論すれば、いま生きている類人猿のチンパンジーやオランウータンと同程度の性能の脳が、ルーシーお嬢様に備わっていたことにはなるだろう。

桁外れの大きさ

ここで、とても簡単なことを確認しておきたいので、表2をもう一度ご覧いただこう。ヒトの脳化指数が際立って大きいのは、マーモセットのように体重が小さいからではなく、とにかく脳が大き過ぎるためだ。自分たちがホモ・サピエンスだけに、頭でっかちの自分が当たり前すぎている。

しかしだ。

「いくらなんでもこの脳はないだろう?」

そう思えるだけの異様な脳の大きさを私たちは実現してしまったのだ（図48）。一体こうなる過程では何が起こったのだろうか。

ここで、これまでの議論を思い浮かべて欲しい。脳容積が四〇〇ccのアファール猿人から、一四〇〇ccのホモ・サピエンスまでざっと四〇〇万年弱。四〇〇万という数字は長い歴史に思われるかもしれないが、哺乳類が少なくとも過去六〇〇〇万年、思い切りさかのぼれば二億年くらいはそれなりに繁栄しているのを見れば、ほんの一瞬の出来事だ。この間に、脳の容積を三倍以上にする出来事として、いったい何が起きたのだろう。

解剖学者は、ここにひとつ、道具という概念を持ち込んできた。現在の類人猿のチンパンジーやオランウータンを見ると、アファール猿人と大差ない脳容積だ。しかし、類人猿の方は、幸いにも今日も生身で生きている。ならば、〃ホモ・サピエンスになる直前〃の脳に迫ろうとするとき、ルーシーの親戚たちの化石よりも、あなたの街の動物園の類人猿の方が、実は多くのことを教えてくれる可能性があることになる。実際、類人猿を研究することから、あくまでもサルすなわち動物のものだった脳が、いかにヒトの脳になっていくかを示唆する研究成果が積み上げられてきた。そしてどうやら、道具の使用や製作といった、手先の作業が加速度的に脳を高度化、巨大化させたことが推察されるようになっている。

まず、何か手近なものを道具として利用するだけでも、手の繊細な把握調節能力を育むことにはなるだろう。ご存知のように、チンパンジーは野生下で石を使って硬い木の実を割ることがある。オランウータンは木の枝で水の深さを測り、安全に渡河することができるかどうかを判断する。かのアジアの類人猿が、雨の日には大きい木の葉を傘よろしく頭上にかざして身体が濡れるのを防ぐのは、昔から知られてきたことだ。また、ゴリラが木の枝を

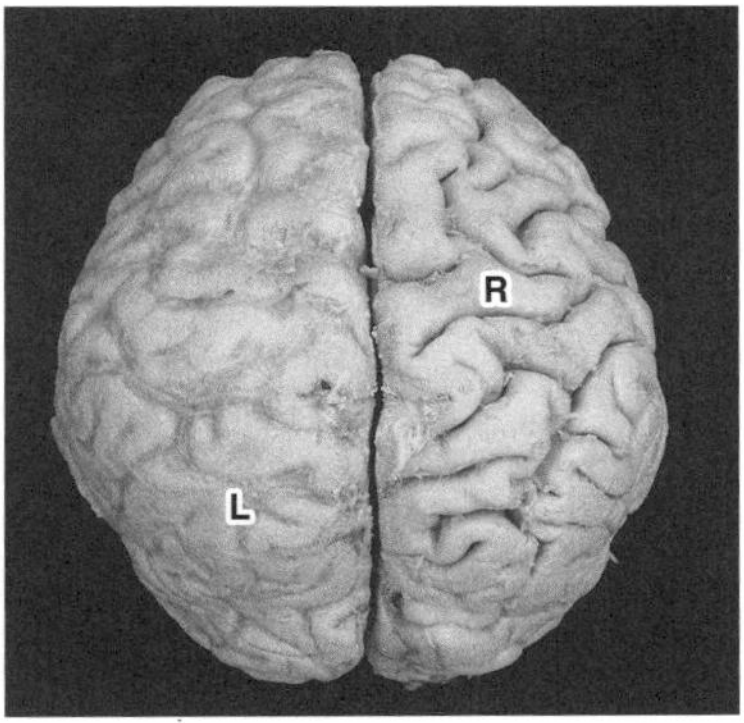

（図48）ヒトの脳のホルマリン固定標本を頭のてっぺんの側から見た。図の上方が額寄り、下方が後頭部に相当する。Lが左側の、Rが右側の大脳半球である。体積1400cc。体重50キロ前後の動物としては、あまりにも巨大だ。左半球は脳を包む膜を残してあり、大脳の表面は直接露出していない（兵庫医科大学・関真博士のご協力による）。

沼地に刺して、その深さを測るか体重を支えて歩こうとするかという行動も、最近になって確認されてきた。憶測でしかないとはいえ、こうした行動は当然ヒト科の初期から見られていただろうし、それが脳の大きさと機能を急激に拡大させたことは想像がつく。

左右の役割分担

ヒト科の特質は、単に道具を使うだけでなく、道具を製作できることである。早々と猿人が石を割って石器を作っていたことは明らかだ。実際、二五〇万年はさかのぼるとされる石器が、アフリカから多数発見されている。この時代を代表する猿人は、ガルヒ猿人と呼ばれるものだ。アファール猿人よりは少し新しい時代の猿人で、アファール猿人と比べて脳はまだ大きくなっていなかったが、足が長くなるなどの派生的な形態を化石に残している。ガルヒ猿人はどうやら石器を作り、それで動物を解体して食べていたらしい。彼らの化石の近くから、たくさんの石器の破片と、それで解体されたと思われる動物の残骸が発見されているのだ。

ガルヒ猿人の石器は、石を割っただけで、人工物としてはおよそ粗末なものである。しかし、それとて、地球上のヒト科以外の種には到底実現できないほどの指先の器用さがなくては、作ることのできないものだ。そして、おそらく道具作りの段階まで到達すると、非対称的にいわゆる利き手が確立されてくる可能性は高い。

利き手というのは、野球でサウスポーのピッチャーが左の強打者封じに重宝がられるというような、運動する腕が左右どちらなのかという形式的な問題にはとどまらない。動物の大脳は半球と呼ばれる左右二つの塊に分かれていて、おもに延髄で神経を交差させながら指令の出し入れをするため、左の大脳半球が右半身の、右の大脳半球が左半身の感覚や運動のほとんどをつかさどっている。結果、ヒト科で利き腕が生じてくることは、左右大脳半球が均等ではなく、どちらかに偏って機能分化してくることを意味している。

実は、現生の類人猿で、いわゆる利き手は出来上がっていて、左右大脳半球の分化も確実に起こっていることが知られている。類人猿は道具を器用に使うことはあっても、石器を作るわけではないが、この段階で、すでに両半球の機能的な分化が開始されているのだ。もちろん、ヒト科の生活が高度化すれば、利き手もさらに難しい課題をこなすようになり、さらに左右の脳の機能分化が加速度的に進んでいったことが推察される。実際たとえば、現在のヒトでは、計算をさせると左脳が活性化し、物事をイメージさせれば右脳が働くことが判明している。仕事の内容で、左右の脳は使い分けられているのである。そして、いまからふれる言語に関する左右の脳の役割分担は、脳の設計変更というに値する、もっとも劇的な変化かもしれない。

機能の分化はなぜ起きたのか

言語の話の最初に、二足歩行することがヒト科に言語を生み出す必要条件だっただろうという話を、まず片付けておきたい。二本足で歩いたがために、言語・音声コミュニケーションの高度化が可能なように、ヒトの構造を変更する道が開けたという、明快なストーリーだ。

ヒト科では、まっすぐに立ったばかりに、のど、つまり咽頭が重力の方向へ落ち込み、咽頭の周辺領域に空洞が作られたと考えられてきた。この空洞を使うと、筋肉の微妙な動きをもとに空気を震わせ、繊細な声を作り分けることができる。つまり、重力が九〇度傾いてくれたお蔭で、言語を操る際に必須の、ヒト科特有の発声装置を作り出すことができたのである。声を出すために必要な音響機器が、直立二足歩行の副産物として、期せずして生み出された可能性が高い。

咽頭の下降は、当然、時代的には二足歩行が始まって少し経ってから起きたことだと考えてよいだろう。たとえば猿人では、まだ声を作って発音する仕組みが十分に形作られてはいなかったようだ。しかし、少し後の原人段階に達すると、咽頭の落ち込みがかなりの程度まで進んでいたらしい。彼らの頭骨の化石から脳の形を推測することができるが、脳の中でも言語を操る部位が大きく発達し始めていた可能性を指摘する研究もある。

そして、ヒト科の進化とともに、言語の中枢は際立って左の脳に局在するようになる。なぜ右ではなくて左に偏ったのか。その真の理由はまったく何も分からないといってよい。性による差や個人による差もあるにはあるのだが、ヒトの言語をつかさどる中枢のうち、とりわけ重要な部分は左側に集まってしまっている。新しい高度な生活に合致するように、左右の脳の機能と形の設計を、ざっと五〇〇万年の間に描き直したというのが本当のところだ。

付け加えると、もっともシンプルなデータとして、成人の脳容積には確実な左右差が生じている。ランダムにたくさんのヒトからデータをとったところ、多くの場合、ヒトの脳は左側の方が右より大きいという研究結果が得られている。あなたの脳も、おそらくまだ測ったことはないだろうが、確率論からすれば、わずかだが左側の方が大きい可能性が高い。おそらくは、右利きが多いヒトは、左右の大脳を成長させていくプロセスも均等ではなく、右手をコントロールする左側の大脳が早く発達し、結果的に左が大きくなるという不均衡が残ることは多いだろう。すぐあとでふれる言語の獲得も、幼児期に左側の脳が右に比べて早く成長しやすい要因になっていることが示唆される。

道具作りや二足歩行がヒトに起こした新たな可能性は、利き手や言語となって結実していくのだが、この過程で大脳の左右が決定的に分化してしまったといえるだろう。さかのぼれば、ヒトからはるかに隔たって下等な動物、たとえばカエルにも〝利き手〟に近い現象があることを示唆する実験がなされている。つまりは、脊椎動物の脳あるいは大脳が真に左右均等に作られているなどということ自体が、あり得ないことかもしれない。しかし、そういう一般論と、とくにヒト科の脳が左右不等に機能を担うような設計に変わってしまったということとは別問題だ。つまり、左右の脳に対して、私たちヒトに近づく進化学的系統だけが、その装置を大規模に非対称的に運用してまで、高度な知的活動に活路を見出すに至ったと考えることができる。

ヒトゆえの事例

ひとつ、ヒトゆえに不幸な症状を示す疾患をとり挙げておこう。脳梗塞だ。知識としてご存知の方も多かろうが、ごく典型的な症例が、言語と利き手のコントロールに関する、脳の機能局在を説明しているといえる。脳梗塞では、脳の特定の部位の血流が止まり、ある系統の血管に血液を供給されていた脳の領域が、その部分だけ機能しなくなる。たとえば、脳梗塞によって左脳が限局的に〝殺される〟ことは珍しくない。そうなると、延髄で交差した挙句の神経の行き先、すなわち右半身の運動や感覚の機能が停止してしまう。が、問題はそれだけにとどまらない。左脳に偏在する言語の中枢が、特異的に機能しないことが起き得るのだ。

ヒトの脳で、左側に局在する言語の中枢で有名なものに、運動性言語中枢と感覚性言語中枢がある。前者は、前頭葉、つまりは脳の前の方に位置し、研究に貢献のあったフランス人外科医の名をとって、ブローカの言語野とされる。一方、後者は、側頭葉、つまり脳の横面に近い位置にあり、ドイツ人の精神科医ウエルニッケが研究したことを受けて、ウエルニッケ中枢と呼ばれるものだ。

ブローカの言語中枢は、言語を音として発する命令を出す部位だ。脳梗塞でここにダメージを受けると、頭脳明晰で自分では使いたい言語が決まっているのに、どうしてもそれを言葉として発声できないという状態に陥る。脳梗塞患者をケアしたことのある方は、患者が話したがっている言葉をこちらから提案してあげさえすれば、左手を動かすなどして明確に意思表示ができるケースが多いのをご存知と思う。利き手の右手と運動性言語中枢が揃って機能不全に陥るのは、ヒト科に独特の、脳の非対称的進化の帰結だ。一方のウエルニッケ中枢が特異的に不全になる例では、発声そのものはまったく正常に行われるのに、意味不明の言葉の羅列を、ひたすら発音し続けるような症状を見せる。雄弁だが訳の分からないことだけを話すという状態だ。

私たちホモ・サピエンスに向かっていく道で、器用な手先を能力的に支えるように、脳はとてつもなく大きくなり、並行してその機能分担が進んだことが明らかである。その経過は、まさに設計をいかに変更して、ヒト科を作り出していくかという経過だったと解釈できるだろう。私たちヒトのアイデンティティが巨大な脳だとして、まさにその脳についても、設計図の描き換えが実現した歴史であろうかと考えられるのである。

では、この辺でひとまず脳の話題を離れて、頭からかなり遠くにある臓器の、これまた設計変更の妙に立ち入ってみたい。

3-5　女性の誕生

月に魅入られた臓器

男を生きている私には一人称で知ることはできないのだが、ホモ・サピエンスの女性は、およそ二八日周期で月経を迎える。それが天文現象と関連しそうだとかという、ほのぼのした話題はほかの本に譲ることにして、本章最後のテーマは、

「なぜ月経が進化したのか」

というものだ。これは、不幸にも、女性も男性も普通は興味をもたないテーマだ。なぜ関心の対象になり得ないのかといえば、月経なる出来事が女にとっては当たり前に過ぎ、男にとってはゼロから何も知らない相手だからである。さらに可笑しいのは、実は、医師も、この疑問には関心がない。医師はもちろん月経の事実を知っているが、やはりヒトにとってあまりにも当然の現象だから、その存在理由を謎として問わないのだろう。

動物学者にとって、月経はあまりにも奇妙な現象だ。なぜならば、月経そのものが、女性にとって何ら生存に有利には働かないと確信できるからだ。月に一度、確実に身体をトータ

ルに消耗する。栄養生理学的に見て何らのメリットもない。初期のヒト科が野生動物として、他の動物と命のやりとりを続けていたとしたら、少しでも個体の生存にデメリットになる月経が、ホモ・サピエンスの女性の身体に残っているはずはない。普通ここまで普遍的に個体にとって不利だとするならば、自然淘汰の結果、そういう現象はなくなっていると考える方が妥当なのだ。

実際、哺乳類は数あれど、ヒトと同じ意味で月経を進化させているのは、類人猿やヒヒ、マカクといった、比較的高等な霊長類の一部だけだ。つまり月経とは、ほとんどヒトの専売特許とさえいえるのである。換言すれば、本章のテーマのヒト科の進化を探るうえでは、まさに格好の題材ではある。

もちろん、化石に残るようなものではないので、月経が歴史上いつ誕生した現象であるかを考えることは、科学的に不可能だ。ただし、いま生きている霊長類から類推するなら、ヒト科の初期にはすでに成立していた可能性は高いだろう。

理科もしくは保健の授業で中学生が習う事柄に、卵胞《らんぽう》期と黄体《おうたい》期というものがある。女性が左右一対もっている卵巣（図49）が、どういう段階にあるかを示す言葉で、二八日の性周期のおおよそ半分が卵胞の、残り半分くらいが黄体のフェーズだというものである。

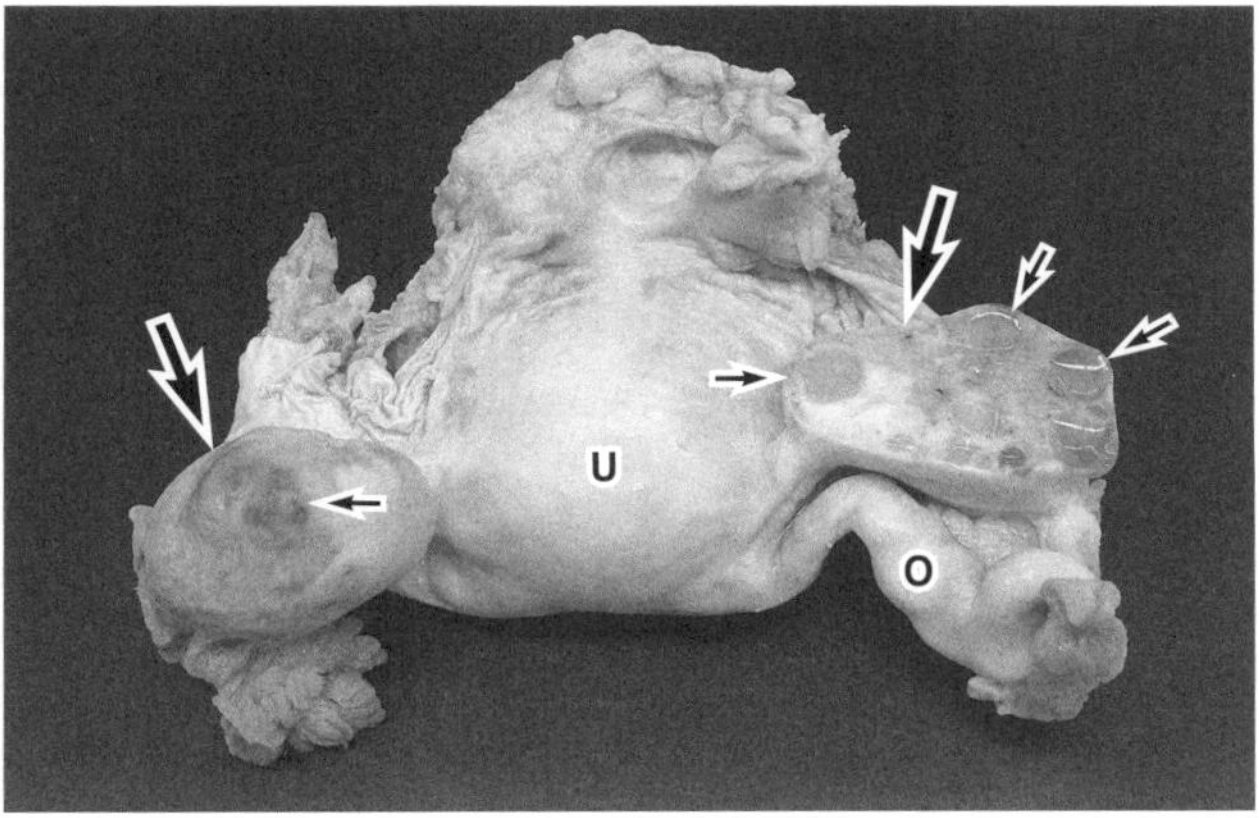

（図49）女性の生殖器のホルマリン固定標本。大矢印は、左右の卵巣を示す。小矢印は発育中の比較的大きな卵胞を指している。向かって右側の卵巣はメスで切って、断面で卵胞を示した。Uは子宮、Oは卵管、子宮から写真奥に向かって膣がつながっている（兵庫医科大学・関真博士のご協力による）。

ヒトの卵巣は、何日もかけて卵胞を発育させる。中学校の授業でも思い出してほしいのだが、このとき卵胞からはエストロジエンなるホルモンが分泌され、子宮に作用する。ターゲットにされた子宮では、子宮内膜を肥厚《ひこう》させ、あわよくば受精卵を着《ちゃく》床《しょう》させようと準備に入る。そしてめでたく排卵すると、大きく育った卵胞の跡には黄体なる組織が育ち、今度はプロジェステロンというホルモンを分泌。もし妊娠が成立すれば、黄体は長く持続し、プロジェステロンを分泌し続ける。プロジェステロンは、妊娠を確実に維持するべく作用し、次の排卵が起きないように卵胞の成熟を抑え込む。

ここまでの知識は、検定済み教科書と似たものだろう。つまり、これだけ教われば国民の知的水準には到達しているのかもしれないが、これでは、なぜ月経があるのかを疑問視する糸口はつかめない。そこで、女性側というより雌側の繁殖システムが、哺乳類においてどのように多様であるかを見て、卵巣の設計変更の概要を見出していくことにしよう。

ヒトの繁殖戦略

最初に登場するのは、動物繁殖生理学のヒロイン、ラット（ドブネズミ）だ。ヒトが二八日に一度排卵するのに対し、ラットは四日に一度の排卵周期をもつ（遠藤秀紀『哺乳類の進化』）。あまりにも忙しい生殖周期だが、もともとせいぜい二年くらいで寿命を迎えるラットにとって、生涯のペースとしては妥当なものかもしれない。問題はラットがなぜ、その速さで排卵を繰り返すかという、ラットなりの基本の戦略である。

実はラットには、交尾・妊娠が起こらない以上は、本当の意味での黄体期は訪れない。ヒトでは、排卵後、卵胞の跡が黄体組織を形成し、およそ二週間近くは、どちらかといえば妊娠に類似した状態となる。黄体をもったまま日数を消化し、ついに月経を起こして、次の卵胞成熟に入るのだ。つまりは、二八日というラットに比べればのんびりした日程は、ラットにはない黄体期が挟まっているからだといえるのである。

しかし、よく考えると、そもそも受胎しないときの黄体の持続期間は、時間としてはまったく不要なものにも見えてくる。もし、子どもを作ることだけが哺乳類の存在意義だといわれるくらいであれば、黄体など作る暇があったら、さっさと次の卵胞を成熟させて排卵した方がいい。それを忠実に実践し、無駄な黄体の時間を作らないのがラットの一生なのだ。

最初に立ち返ってみると、生殖周期の一サイクルに二八日もの時間を費やすヒトは、やはりあまりにも不合理に無駄な時間を費やしていることに気づくのではないか。獣たるもの、とりあえずラットと同じように四日に一度の妊娠のチャンスを迎えていれば、十分目的が果たせそうな気もしてくる。二八日周期でしか妊娠の可能性が巡ってこないわがホモ・サピエンスは、一生懸命になってまで避妊するほど高度な社会を築いているが、それ以前に、きわめて妊娠しにくい動物種なのである。

ついでにいうと、普通の哺乳類は雄雌がしょっちゅう交尾をしているわけではない。もちろん種によっても多様だが、雌が雄を受け入れるのは、排卵の前後のわずかな時間でしかないことが普通だ。この点でもヒトは相当奇妙だ。ヒトは年がら年中〝交尾〟している。女性側に他の哺乳類と異なって、生殖周期に関わらない、コミュニケーションとしての〝交尾〟

が成立してしまっているからだ。

ここまででですでに分かるように、ヒトは、よくある哺乳類の生殖の生物学的なパターンを、かなり逸脱してしまっている。これは、たとえば、前に語った骨盤の形を変えていくような形に見える設計変更ではないのだが、やはりヒトをヒトたらしめるかなり劇的な設計変更として数え上げることができるだろう。哺乳類であるとはいっても、ヒトはヒト独自の繁殖戦略を、メカニズムの作り変えから根本的に確立し直してしまったのである。

乳母《うば》要らず

ヒトの卵巣の設計が大体分かってきたと思う。だが、なぜ月経があるのかという疑問にはまだ答えていない。そこでもう一度ラットに登場願おう。ここからは妊娠をすることを前提に話してみよう。

ラットが子どもを産むという生涯設計は、異様なスピード勝負の様相を呈している。何せ、妊娠期間二一日。生まれてきた子どもは三週間で離乳し、およそ七週目には次の交尾が可能になる。その後は四日に一度の交尾と分娩のチャンスが巡ってくる。

一方のヒトはどうか。二八日に一度のチャンスを得て妊娠したとして、ヒトの妊娠期間は二一日では話にならない。ざっと二八〇日を経て、やっとのことで赤ちゃんが生まれる。しかも、生まれた赤ちゃんは、個体数でいえば一。しかも、かなり弱々しい。生まれてからも母乳を長く与えて、一人前に育てる必要があるわけだ。少なくとも、原始的なヒトであれば、母乳をある一定期間赤ちゃんに与えない限り、次世代は育たないことになる。

つまり、ヒト科はずっと、母乳で子を育てたはずだ。ヒトの母親は、個人差はあろうが、二年以上は泌乳を続ける可能性がある。南アフリカの原住民では、実際に三年以上は授乳を続けているというデータもある。経験的に分かる女性も多いと思うが、授乳を減らすことが引き金で、次の排卵が始まり、また排卵と月経が巡ってくる。逆にいえば、赤ちゃんにおっぱいを吸われている以上は、排卵も月経もなかなか起こらない。

ところが、である。わがホモ・サピエンスは、哺乳瓶なる道具を発明してしまうのだ。その歴史は大して古いものではない。わが国でいえば、明治維新とともに外国から導入されたものだ。その名も〝乳母要らず〟。しばしこれを商品名にして、明治半ば過ぎにかけて、日本のお母さんの子育てに、哺乳瓶が普及していったらしい。初期は、ただのボトルに、ゴムの吸い口が管でつながっているだけのものだったようだが。

昔の日本人は、舶来の新奇な道具に、なんとセンスに富んだ名称を考案したものだろう。

哺乳瓶を見て、乳母要らずと呼んでしまう人間の言葉の能力に、私などは笑いながら脱帽するのみである。ところが、この乳母要らずは、単に微笑ましい奇妙な道具にとどまるものではなかった。この道具は、ホモ・サピエンスの生理学に挑戦する、とてつもない可能性を秘めていたのだ。

実際、わずかな期間に、この乳母要らずが、女性の一生に、革命的な変化を起こしてしまうのである。つまり、哺乳瓶でもってすぐにミルクを与えることで、お母さんは授乳を終えてしまうことができる。乳母要らずこそが、〝近代女性〟の特殊な生殖生理学的条件を生み出すことになっていくとは、多くの人が深く考えはしなかったことだろう。

乳母要らずがいかに劇的な道具であったかを理解するために、ここで女性の生涯をざっと計算してみよう。

まず、妊娠期間を約一年として、乳母要らずのないお母さんなら、分娩の後、泌乳期間を二年近くとることになる。つまりは、一人の子供を受胎し離乳させるまでに、ざっと三年以上を費やすことになる。これがヒトの、乳母要らず抜きで考えた、本来のスペック（性能）なのだ。

そして、生まれた赤ちゃんが次世代を産めるようになるには、一五年以上かかってしまうだろう。七週間でお母さんになる憎らしきネズミたちとは、訳が違う。オリジナルなヒトは、栄養に満たされたいまの女の子よりいくぶん性成熟が遅いだろうから、ざっと一七、八年として、その後三年に一度、子を産み続けたとすれば、どうなるだろう。三二、三歳までに五人くらいを離乳させるのが、動物としてのヒトの設計上、ほぼ最大限の子沢山ということになる。

アフリカの最貧国では、ヒトの平均的な寿命はいまでも四〇歳より短いことがある。もちろん新生児がたくさん死んでいるだろうし、数字を動かすファクターは複雑だが、非常に大雑把にいえば、一七歳で初潮を迎え、以後絶え間なく妊娠と泌乳を繰り返して、三十代で死ぬ。というのが、ホモ・サピエンスの初期の設計図なのではなかろうか。

ホモ・サピエンスの女性の生涯をよく見れば、むしろ積極的に一回あたりの妊娠や泌乳の長さを十分に取り、子供の絶対数を減らしながらも、その貴重な子宝にしっかりと〝投資〟する道を選んだという解釈が成り立ってくる。いうなれば、数は少なくてもよい子孫をしっかりと残していくという徹底した作戦を、ヒトの卵巣と子宮が見せてくれているのである。

なぜ月経があるのか

ここで、いつの間にか、読者は先の疑問への答えに行き着いていることにお気づきだろうか。ホモ・サピエンスの女性たるもの、大人になったが最後、死ぬまでのほとんどの時間を、子供の妊娠と授乳に費やしていた可能性が高い。一回あたりに時間のかかる妊娠と泌乳を、数回だが、確実に成し遂げる。それが動物としてのヒトの女性の、典型的生涯だったのである。

乳母要らずは、この生涯設計を確実に遮断してしまった。泌乳期間を短縮し、女性の生涯における排卵と月経の機会を一気に増やしたのである。乳母要らずの登場で、出産と泌乳に明け暮れるはずのホモ・サピエンスの女性は、この生理学的設計から脱却することになる。そうして起こったのは、排卵と月経の頻繁化である。

もちろん、哺乳瓶が使われ始めたのは、かなり最近になってからの話だ。育児道具としての哺乳瓶の普及は、日本では明治時代の話だ。かくある乳母要らずには、ヒトの生物としての歴史からすれば、あまりにも浅い経歴しかない。もちろん、いまでは粉ミルクや牛乳を、かつては広くヤギの乳を赤ん坊に与えたそうだが、そうした母乳の代わりになるものとて、人間社会との付き合いはさほど長いものではない。

しかし、近代社会では、かくある哺乳瓶やら粉ミルクに加えて、女性の基本設計を外れた出来事がたくさん生み出されていった。女子大、キャリアウーマン、晩婚、そして子供を産まない女性の増加と、ホモ・サピエンスの動物としての設計を逸脱した出来事が、女性の生涯に急激に持ち込まれたわけだ。

初潮は早くても、一向に結婚しない。恋愛は多様でも、けっして子供をもとうとしない。そのこと自体の価値観は女性個人が決めることであって議論の対象ではないが、現代の女性の新しい生き方は、客観的にホモ・サピエンスが進化させた生物学的な生涯構図とは、まったく合致していないことは明らかだ。現代女性は、妊娠と泌乳という生物学的役割とは無関係に暮らすようになり、まさに大人になってからずっと、妊娠も泌乳も忘れて、いつまでも〝月の誘い〟とともに生きるようになったのである。

「なぜ月経があるのか」

その答えは、いま見えてきた。月経は本来のホモ・サピエンスの女性を進化的に不利にするほどに、生涯にわたって頻繁に起きていたものではないのだ。原始的なヒト科にとっては、それは弱点として見えるような現象ではなかったはずだ。妊娠し泌乳する。そのサイクルを極端に減らし、月経を毎月の当然の出来事に変えているのは、私たちヒトが、進化が想定する範囲を超えて、高度な社会生活を営み始めたからに他ならないのである。

月に魅入られた卵巣。その振る舞いに見られるのは、これまで見てきた単純な設計変更の面白さとは少し違う。それは、ヒトが、身体のオリジナルな設計以外の生き方をどんどん編み出してきているという、現代社会の高度化の姿を、凝縮して見せてくれているといえるだろう。

第四章　行き詰まった失敗作

4-1　垂直な身体の誤算

上下に走る血の道

前章でヒトをヒトたらしめたたくさんの設計変更を見てきた。母指対向性や骨盤の変形のような、いかにも華麗なる設計変更もあれば、脳機能の左右局在のように、「ちょっと無理をしていないか」と、直感的に思われるような新しい設計図にも出会ってきたといえるだろう。猿人からホモ・サピエンスまで、ざっと四、五〇〇万年。ヒト科の進化のスピードについてはいろいろな受け止め方があるだろうが、膨大な量の、それもかなり劇的な変化を引き受けるには、相当急がなくてはならない時間であることは事実だ。この本でずいぶん早くからナメクジウオの履歴を見てきた読者にとっては、それがいかに短い間に起こってきたことか、よく分かると思う。

この章では、急造品のような印象すら受けるあなたの身体が、設計変更を重ねたがゆえに抱え込んでいる、いくつかの問題点を洗い出しておきたい。それは単にヒトにあれこれと病気が多いとかいう薄っぺらな問題ではなく、ヒトの身体の新しい設計をより正確に知るための、身体のかたちについての大切な論理につながる話だ。

まずはヒトの身体に流れる血の道、すなわち心臓と血管系について議論を開始してみよう。ここでもまた、ヒトが獲得した新しい設計図が、たぶんに勝手気ままに心臓と血管の役割に口を出している様子を見ることができる。それも、この血管と心臓という部分については、二足歩行がかなり困った影響を与えているのだ。

考えれば分かることだが、私たちの祖先の四足動物の身体では、血液はあらかた水平に流れている。たとえばイヌの身体を思い浮かべよう。心臓から吐き出された血液は、胴体部分では、あまり上下動せずに水平に走る。血流のメインルートに勾配が少ないといっても同じだろうか。

たとえば、車を運転する人は、東京と中京地区を往来するときに、東名高速と中央高速では、前者の方がかなり平坦であることに気づくはずだ。関東の人は第三京浜というと、真っ

表3　各種動物とヒトの心臓循環系の機能を比べる

動物種	体重（kg）	心臓重量（g）	心拍数（回／分）	収縮期血圧（mmHg）	弛緩期血圧（mmHg）	一回拍出量（mℓ）	毎分拍出量（ℓ）
ウマ	500	4500	34	140	90	852	29.00
ウシ	500	2500	50	145	90	696	34.80
ヒツジ	50	300	75	135	90	53	3.98
ヤギ	24	200	70	130	85	43	3.02
イヌ	10	150	100	130	90	14	1.45
ヒト	70	270	70	120	75	73	5.07
キリン	1000	5500	59	300	230	－	－

データは、津田（1982）より引用
ただし、体重や心臓重量、ヒトの血圧は、代表的な実測値を記した

平らで走りやすいことこの上ない道であることを知っている。まさに、四足動物の血流路とは、東名や第三京浜のように、負担の少ない流通ルートだ。

ところがこの頭のてっぺんから胴体部分を経て、最後には踵の先までが垂直に立つという、ヒト科独自の設計変更は、心臓と大きな血管にとっては、死活問題ですらある。何せ、第三京浜を走らせようと思って作った車を、ヒューストンのロケットランチャーから垂直に打ち上げなければならなくなったようなものだ。循環系にとっては、突然身体のなかにナイアガラの滝ができ、その水をか弱いポンプで持ち上げるようなことまで要求されてしまったのに等しい。実際問題、ヒトが二足歩行だからといって、多くの哺乳類と比べても、心臓と循環系の基本的な〝性能〟に、大きな設計変更が持ち込まれているとは考えにくいのだ（表3）。むしろ、理由は簡単には語れないが、心臓と血管そのものの設計を改変できない

からこそ、この両者には、ヒト誕生の皺寄せが来ているといえるのかもしれない。

天井の放蕩息子

ところで、四足動物たちにも垂直に近い血流を要求される場所がある。たとえば、四肢だ。ここばかりは地面に垂直に立っているから、元々の設計としても、なかなか血液循環に関しては難しいところだろう。実際深刻なのは、血圧を失ったまま、重力に逆らって血液を心臓に戻さねばならない静脈系の方だ。進化の帰結として、動物は四肢の静脈に弁を並べることがある。逆流して四肢の末端に血が落ちていってしまっては、血液循環が不可能になる。だから、弁を備えて、少しでも血液が落下していくのを防いでいるのだ。

困ったことに、この点の困難さは、アファール猿人が二足歩行を始めても、何も解消されていない。それどころか〝後ろ足〟にはさらに悪条件が加わって、さんざん胴体部分を下降した挙句、それより長い距離をさらに爪先へ向かって重力を受け続ける。一方の〝前足〟もひどいものだ。心臓から上向きに打ち上げられた血液は太い大動脈を走り、鎖骨下動脈というこれまた大きな枝を通って脇の下の奥深くから腕に流れ込む。もちろん姿勢にもよるだろうが、上腕、肘、前腕、手首、掌、指と、まずは重力の通りに血流は落ち込んでいかねばならない。そして重要なのは、血液としては、ずっと重力に抗しながら帰り道を無事心臓に戻り、手の指などに溜まってはいけないということである。

さらに、忘れるべからずは、脳を載せた頭部への血流路だ。距離はあまり長くないとはいえ、ヒトの心臓は、脳に向けてほぼ垂直に血液を打ち上げなくてはならない。しかも、脳は全身に対して、ヒトで血流量の一四パーセント、酸素供給の一八パーセントを要求する。心臓にとっては、厄介な〝脛齧り〟になっているのだ（Ganong. Review of Medical Physiology.）。

実をいうと、ヒトの心臓付近での血圧を一〇〇mmHgとすれば、脳の入り口では五〇mmHg近くにまで下がってしまう。前半身を垂直に立ててしまったということは、血液をかなりの圧で打ち上げたとしても、身体のてっぺんに位置する放蕩息子を、ぎりぎり満足させているというのが実態だ。それでは重力に対抗して限りなく血圧を上げればいいかというと、困ったことに、すでにはるかに下の足の末端では、血圧は一八〇mmHgにまで上がっている。これ以上心臓の圧力を増大させて脳を守ったら、滝のような血流をもろに受けてしまう身体の低い部位では、逆にかなり対処の難しい高血圧に見舞われることになるだろう。結果、ホモ・サピエンスは、もっとも普通に立っている状態でも、脳の血液供給に余裕がないこととなる。

追い詰められた心臓

〝ナイアガラの滝〟を身体に抱え込んだ私たちヒトは、この無理な血流のために、かなりのトラブルを抱えてきている。まずは、脳がつねに貧血気味の状況に追い込まれた。朝の駅のホームでひっくり返る女性に出会うことは、珍しくないだろう。もちろんそのすべての原因が貧血というわけではないだろうが、二足歩行に入ったヒト科では、身体の頂上に位置する脳につねに十分な血液の流れを確保するということ自体が、相当に困難なのである。これは、一五〇センチからの身長を縦に配置するという、過去五〇〇万年間ほどで描き換えた身体の設計図自体が、はじめから背負っている宿命的弱点でもあるのだ。

ひとつだけ、四足獣でありながらヒト並みの過酷な条件にさらされる動物として、ご存知ののっぽさんに登場願おう。キリンの心臓近傍の血圧は実に三〇〇mmHgに達する（表3、前掲）。これほど大きな動物になると、血流のデータを得るのは相当に苦労するだろうが、世界の動物学界には奇特な人がいるもので、ざっと地上五メートルの高さにある脳付近での血圧の測定が行われてきた。で、なんと、その値は一〇〇mmHgにまで下降してしまうのだ（Ganong. Review of Medical Physiology.）。あの動物の体高では止むを得ないことだろうが、とにもかくにも頭部に十分な血圧を得ることを出発点にして、心臓近傍を極端な高血圧に曝す設計図を描いたようなものだ。キリンはそれを死ぬまで絶やさないのだから、心臓付近の血管にはたいへんな負担がかかり続ける。

背の高い動物でただ単純に貧血を防ぐためなら、心臓をもっと強力にして、血圧を十分すぎるほど生み出していれば、貧血を防ぐ決定打になり得ているはずだ。だが、それだけでは問題は解決しない。キリンもヒトも、いつも頭を空に向けて立っているだけではない。ヒト科は二足歩行を始めても、たとえば靴紐を結ぶような姿勢を普段から必要としただろう。飲水ひとつとりあげても、〝原始的なヒト〟は、頭を地面に向けて下げたはずだ。そのとき、ただ力任せに血液が脳に送られていたら、今度は脳にとてつもない高血圧がかかる可能性がある。キリンの頭部の血流も、そのことに悩まされているらしい。フルパワーで血液を送ってしまっていると、動作として頭を地面に向けて下げたときに、脳周辺を破壊するほどの血液が集中してしまうのである。加えて、キリンほどの首の長さになると、重力の手を借りずとも首を振る運動の遠心力だけで、頭部に大量の血液が流れこもうとする。

つまり、設計上重要なのは、血液を脳に向けて打ち上げる力任せのポンプではなく、どんな姿勢でも身体中に血液を妥当に確保する、心臓と血管全体のシステムなのだ。だから、ヒトは、これ以上無闇に心臓を大きくすることはないだろう。そんなことより、ヒトの多様な姿勢や運動に対しても、いつでも血流を調整可能な状態に保ち、適切な血液供給を継続することが、進化史に課せられた設計変更の命題だったのである。二足歩行に伴う、脳への血液供給は、貧血と並行して、血流調整という難題を抱えたといえる。地上五メートルまで脳を持ち上げてしまったキリンと、身体の割には極端に大きな脳を一五〇センチの高さに掲げる私たちヒト。両者を比べて、どちらの心臓が苦労しているかという問いはナンセンスだろう。ただ、少なくともヒトの心臓には、あまりにも悪条件下での仕事が生涯待ち受けているといってよい。

冷え性の舞台裏

ところで、ヒトの四肢の末端では、重力に抗して次々と血液を心臓に戻すことがなかなか難しくなっている。たとえば手足の冷え性やむくみといった症状は、胴体を九〇度回転させた設計変更が、無理を抱え込んでいることを意味する。これらのどうにも治りにくい手足のトラブルは、どれも、血液がどうしても淀んでしまうために生じていると考えられる。寒いときに手足へやってきた血液は、すみやかに回収しなければ、身体の中心から離れているためにどんどん熱を奪われて、温度が下がっていくことだろう。冷え性とは、こうしたメカニズムに起因する困った症状である。一方、淀んだ血液が溜まり勝ちになることで、いわゆるむくみを起こす。よく家庭医学の本に浮腫と書かれているトラブルである。二足歩行の結果、重力に逆らって血液を心臓に返す負担が増し、結果的に血を戻せなくなってしまった手足の皮下で、組織が水浸しになってしまった状態だ。

ところで、私は世の女性たちと異なって、むくみや冷え性に悩まされることはまずないのだが、仕事柄、年間数百時間機上の人となる。ドラマに出てくる唐沢寿明や村上弘明や、昔なら田宮二郎が演じる大学教授は、なぜかビジネスクラスやグリーン車の常連だったりするのだが、現実の国立大学の教授が座るのは、例外なく、ブロイラーもびっくりのあのエコノミークラスだ。膝がつかえてどうにもならない座席。隣には、一二〇キロも体重がありそうな巨漢の白人が居たりもする。一三時間、膝も肘も動かせないことだって、あり得ることだ。となると、ホモ・サピエンスの今流の疾患と、私もあながち無縁ではないことになる。左様、話題はエコノミークラス症候群なるトラブルである。

このエコノミークラス症候群なるものも、ヒト特有の血液循環の難点に忍び込んできた新しい疾患だ。着席したまま長時間過ごすことで、足先の低い位置に長時間血液が鬱滞する。

搭乗中に飲水量が少ないなどして、血液が標準より水分を失っているときなどは、流れの淀んだ足先の血管に、血栓が生じてくる。血液はもともと凝固する性質をもっているから、うまく流れなければ、淀みの部分から、血液が固まりやすくなってしまうからだ。そうして、晴れて目的地に着いた乗客は歩き出し、また血流が活発になる。不幸にして足先で出来上がってしまった血栓が、身体中に流れ込み、たとえば最後には肺にまで到達して、肺の細い血管を埋めてしまう。そうなれば、肺のある特定の領域にまったく血液が届かなくなり、ついには生命に関わってくる。

だが、ヒト科は二本足で歩くようになって、ざっと五〇〇万年も生きている。その身体を、膝がつかえるほど狭いシートに半日も閉じ込めているのは、航空業界の資本主義と飛行機の居住性を発案する人間工学が、たった四、五〇年くらい前に生み出した悪行だ。しかも、何十年も前から同じ現象はあっただろうに、騒がれるようになったのはここ数年である。それを見るに、この辺になると、私はホモ・サピエンスの二足歩行に非を認める気にはとてもなれない。血流路を垂直に設計しなおした身体よりよほどおかしいのは、お金を取りながら十何時間も狭い座席にヒトを閉じ込めておく欧米の旅客機内装メーカーの方だ。せめて日本人が飛行機の座席を作れば、ベルト付きの畳や茣蓙《ござ》でも用意して、二足歩行の動物にとってはずっと安楽な客席を作るだろうに。

4－2　現代人の苦悩

逃げ出す椎間板

エコノミークラス症候群で思い当たるのは、ヒトの着席の姿勢だ。この姿勢は、かの航空機のナンセンスな客席設計を持ち出すまでもなく、二足歩行への設計変更の限界が見え隠れするものだ。着席姿勢は二足歩行の私たちにとって、とても安楽に感じられる。だが、そこには、またしても重力の影が忍び寄る。たとえ疲労が少なく感覚が楽であっても、腰椎周辺には、祖先の基本設計になかった過大な重量負荷が生じてしまうからだ。

椎間板ヘルニアという疾患は、現代のオフィスワーカーにとって他人事ではないだろう。座り続ける仕事の人に生じる職業病かもしれない。普通に座っている姿勢は、確かに、身体の上半身の大半の重量を骨盤のすぐ上で支えなくてはならない。ここに四本足ならけっして生じなかったはずの、身体の重量の大部分を腰椎で負担するという、恐ろしい事態が生じていることになる。

四足動物での脊椎の元々の設計は、前後肢間で橋桁のように並んでいることに、最高のセンスを見せてくれている。これで、前足と後ろ足の間に、体重を吊り下げるのである。しかも、橋と異なって、前章でふれたように、背骨たるものは、それ自身が運動の起点になっている。あまたの筋肉に引かれながら、重力に対抗して、身体を保持する。少なくとも、人間が設計するどんなに有能な橋桁に優るとも劣らないアイデアが、ここに盛り込まれているといえるだろう。

他方、あのゴールデンゲートブリッジでも明石海峡大橋でも、九〇度傾いて重力がかかることは想定されていない。ヒトはそんなまさかの大事業を、五〇〇万年前にやってのけてしまった。丈夫でかつ柔軟だった橋桁は、回転して橋桁と平行に化けた重力によって、押し潰される運命を余儀なくされた。しかも一日一五時間も座っているという職業を、現代社会が生み出してしまった。生きている時間の大半にわたって、身体の〝後方〟の背骨に、半分以上の体重がつねにのしかかる事態に陥ったのだ。

サンドイッチにかぶりついたとき、なかみの具がはみ出てきて慌てた経験を、皆さんはおもちだろう。パンの部分を背骨に、具を椎間板にたとえれば、一応は椎間板ヘルニアの説明になる。新たな方向に回転した重力によって、脊椎の並びが潰され、その間からとある付属物が飛び出してくるのだ。脊椎の本体、いわゆる椎体《ついたい》は硬い骨だが、その隙間に破壊的圧力が加わり、ついには隙間のものを押し出してしまう。飛び出してくるものの実体は俗に椎間板と呼ばれるが、より正確に髄核《ずいかく》という名があるので、そう呼ぶことにしよう。

幸か不幸か、椎体の脇からは脊髄神経が全身へむけて走っている。飛び出してきた髄核は脊髄神経の走路を圧迫し、とても日常生活を送ることができないような激痛を生じることになる。患者本人も驚くだろうが、そもそも陸に上がってからだけでも三億七〇〇〇万年を橋桁として過ごしてきた脊椎動物の背骨からすれば、時間にしてそのたった一・三五パーセントでしかない五〇〇万年間の重力のかかり方の方が、寝耳に水の話なのだ。いかにヒト科の二足歩行の歴史が薄っぺらで、それがとんでもない急場の設計変更であるかがよく分かる。

ただ、少しだけ二足歩行への進化を弁護するために、椎間板ヘルニアはヒトだけの疾患ではないことを記しておこう。臨床現場でよく検討されてきたイヌでも、腰に負担のかかりそうな犬種の場合には、けっして珍しいものではない。つまり、髄核とは、もともとある程度は飛び出しやすい性癖のもち主であることは間違いないのだ。

脱腸の真実

一方、ヒトで飛び出すのは、実は髄核だけではない。鼠径《そけい》ヘルニア、つまりは脱腸もヒトにきわだって多い疾患だと思われる。これは、腿の付け根から、腸管などの内臓が腹腔の外へ飛び出してしまうトラブルだ。重い場合は、男性では陰嚢にまで腸管が突出してしまう。

二足歩行に移行した私たちは、陰嚢の位置に向けて、内臓の重量がかかりやすくなっている。しかも、腸管の重さを引き受けている床面に、小さいとはいえ、強度の低い筋肉壁がある。内臓の重さや圧力を受け、そこには、しばしば陰嚢に通じる孔が開いてしまうのだ。四足動物でも鼠径ヘルニアは実際に起こっているだろうが、ヒトは陰嚢に腸管が落ちやすい条件が揃ってしまっているだろう。それに、ヒトはくしゃみもすれば、妊娠もする。腹腔から外へ向けた圧力が普段以上にかかる瞬間があると、それだけで、ヘルニアを引き起こすことになる。

お気づきかもしれないが、臓器が飛び出す話として、髄核の突出や陰嚢への腸管の逸脱を挙げたのは、ただの例に過ぎない。背骨と平行な方向で重力がかかるようになったのは、わずかここ五〇〇万年間だから、そのほかもともと内臓からの力が及ぶとは思われていない随所に、臓器の圧力がかかることがある。そう考えると、設計変更としては、ヒトの下腹部の壁は、とても過酷な条件に曝されているといえるだろう。つまりは、本来あり得ない内臓からの力が、ヒトのお腹を作っている壁を、いろいろな方向から押し開くように作用しているのである。

二足歩行がいかに大胆な作り変えで、それに伴う強引な設計変更が、ヒト、とくに現代人の身体に多くのトラブルを持ち込んでいることがお分かりになったと思う。そこで次に、問題を身体の上半身の設計変更に向けてみよう。設計変更の功罪は、責任が軽くなったはずのヒトの前肢、つまりは肩から腕にも及んでしまっているのだ。

肩こりへのスパイラル

私の妻が以前から肩こりを訴え続けている。一歳の娘の体重が一〇キロに迫るようになり、日々背負っているうちに肩に来たという。肩こりとは真に謎めいた現象だ。肩こりほど原因も機序も分からない疾患はないだろう。日本人は、原因が特定できず対症療法しかできないようなこの手の疾患に対しては、当然のように東洋医学に光明を見出そうとする。医学とは、まったくもって上手に商売をする業界だ。おそらく肩こりで命を落とす人はいないはずだが、それで毎年何億円というお金が医学の世界に流れ込んでいるはずだ。

さて、そのさっぱり要因の分からない肩こりだが、やはり、二足歩行向けヒトの設計変更の負の産物としてとらえることが可能だ。もちろん四足の動物に肩こりの症状があるかどうかは、実際には分からない。だが、ヒト科の設計変更に数多見られる、身体のパーツの無理な運用に、肩という領域は見事に当てはまっている。

おそらく肩が痛いと感じるおもな要因は僧帽筋《そうぼうきん》の周辺にある。この筋肉、ちょっと奇妙な名称だが、キリスト教はカプチン会の修道士の帽子に形が似ているから名づけられたとされる。頸部や胸部の背中側から肩に伸びている筋肉だ。ヒトでも多くの四足獣でも無視できない大きさの筋肉ではあるが、大雑把にいうと、厚みのない薄っぺらな印象があり、形からは、強大な力を発揮するというような印象は受けない。

ただ問題は、ヒトの場合、垂直に立ち上がった首の上に相当重い頭が載っている。それが原因で、首から肩にかけての筋肉群は、一見大きな運動をしていないときでも、緊張・収縮してしまう傾向が強いのである。もともと祖先のサルを含めた四足獣で、僧帽筋周辺の筋肉は、使うときと使わないときが、かなり明確に分離していた。四足獣が歩くとき、肩の骨を背中側から引っ張って運動させるのは、まさしく僧帽筋の仕事だ。ヒトと異なり前肢には体重が乗っているから、肩に運動を加える必要が生じれば、僧帽筋は周辺のたくさんの筋肉とともに全力で運動する。ところが、安静にして四本足ですっくと地面から立っているとき、僧帽筋は何か特定の理由で収縮する必要はあまりない。もちろん肩の筋肉を胴体に連結していると筋肉だからある程度の緊張は続くのだが、総じて四本足の動物が大きな歩行運動をやめれば、僧帽筋は適度に休んでいることができる。

一方のヒトだが、重い頭を支えながら、手と腕を何か他の目的のためにしょっちゅう動かすというのが、この動物の基本的な暮らしぶりになっている。仮に力任せに筋力をフルに使って重いものを持ち上げる運動などなかったとしても、日常の動作で肘を上げ下げしたり、掌を細かい作業に用いたりすることは、無意識にでも継続していることだろう。

さらに厄介なのは、現代の都会人のライフスタイルである。コンピューターの画面を見る、キーボードを叩く、書類を凝視する、細かい作業に神経を集中する。しかも椅子に座ったまま全身はあまり動かさずにだ。この時間ずっと、肩周辺は頭を支えながら緊張を繰り返し、腕から指先にかけての動作を微力ながらも助けようと、〝生真面目に〟働いていることになる。

こうして緊張を続けた筋肉周辺では、血流量の不足が生じてくる。メリハリを利かせて走り回る四足獣とは異なり、長く緊張し続ける筋肉に、それに見合うだけの大量の血液が供給されることはない。こうなると、瞬間的には大きなパワーを出しているわけでもないのに、筋肉は強度の疲労に似た状態に追い込まれていく。そして、筋肉の代謝老廃物、すなわち乳酸が僧帽筋周辺に蓄積してしまう。乳酸は疲労感を増大し、ますます筋肉は大きく動かすことができなくなる。それでもまだ、小さな緊張だけは継続していくはずだ。疲労を回復し得ない状況に陥ったまま、筋肉はそのまま休むことを許されないことになる。

生理学的にリフレッシュすることのできない肩の筋肉は、いずれは痛みの感覚を神経に返してくるようになる。しかも、現代人は肩を回復させるような適量の運動もなければ、必要な気分転換の機会にも事欠いているだろう。ストレスをはじめとした精神的な要因も、肩こりを増悪させるようになり、抜け道のない肩こりのスパイラルに、肩全体が苛まれることになる。

歩くことから解放されて、さぞかし肩は仕事にあぶれたかと思いきや、逆に明確な休暇を取れないまま、中途半端に仕事を続けさせられる羽目に陥ったのだ。二本足で歩きはじめ、前肢を体重から解放するというのは、ヒト科の進化の最大の〝売り〟だったはずだ。実際、祖先の肩の構造を設計変更するうえで、この改造は、他の部位に比べてさしたる困難もなく出来上がっていったようにさえ見える。それを証明するかのように、今日も僧帽筋は、あなたの背中でしっかりとそれらしい体積と位置を占めている。

しかし、その一見容易だったはずの肩の機能的変革は、現代社会のホモ・サピエンスにおいては、肩こりへの限りない入り口になってしまったといえるだろう。ヒト科は、骨盤と背骨を垂直に立てながら自在に歩き、哺乳類史上もっとも器用な手を備えた。ヒト科の四肢の作り変えは、一動物としてはきわめて高水準の完成品ではあった。ところが、〝予定より〟精神的に高度な生活を送るような動物になってしまったヒトは、肩こりを増長し、しかもそれを医療費に化けさせていくほどの世の中を、地球上に確立してしまったのである。

ホモ・サピエンスとは何だったのか

「私たちヒトとは、地球の生き物として、一体何をしでかした存在なのか」

多くの読者は、そんな気持ちにとらわれないだろうか。もちろん高度な霊長類がそれなりの時間を費やして成立したという歴史の基盤はあったものの、一生懸命さかのぼっても、およそ五〇〇万年前の東アフリカで突然のように生じた一群としてしか認識できない。しかし、そこには偶然が偶然を呼ぶような場当たり的な進化を遂げて、それまでの動物たちとは明らかに異なる身体の部位をもった。

二本足で歩くための殿筋群。内臓重量や腹圧を受けとめる下腹部。狭いながらもバランスをとる足底。精巧な母指対向性。巨大な中枢神経。高度な思考を分担する大脳。少ない赤ん坊を確実に残す繁殖戦略。これらの設計変更は、ヒトをヒトたらしめる見事なまでの意匠だ。

一方で、現代の私たちは、設計変更の負の側面に日々悩まされている。九〇度回転し、垂直になった腹腔がもたらすヘルニア。二足歩行から起因する腰痛や股関節異常。垂直な血流が引き起こす貧血に冷え性。歩行から解放された前肢が巻き起こす肩こり。さらに、この本ではとても網羅できなかったが、さまざまな現代病は数知れない。

そしてそこには、設計変更が単純に身体に無理を来《きた》しているということを超え、現代社会の現実や規範に沿って生きなくてはならないがゆえに、ヒト一人一人に数多のトラブルが生じてしまうことが明らかである。オフィスワークという就業形態自身が、浮腫や肩こりを巻き起こしているのは紛れもない事実だ。そして先進国社会の晩婚化や少子化。それらが女性の生殖器官に設計外の負担を課していることも指摘できる。

つまりヒトのトラブルの多くは、ヒト自身の設計変更の暗部であると同時に、ヒト自身が築いた近代社会が作り出す、予期せぬ弊害でもあるのだ。

もちろん、それらすべてが、実をいえば、ヒトの優秀すぎる大脳の所産でもある。というのも、もしホモ・サピエンスがこれだけの頭脳を備えていなかったら、結核すら克服できずに、肩こりなど起こす前に、あっさりと一生を終えてしまっているのが普通だろう。大脳の能力が低ければ、コンピューターもデスクワークも生み出さず、冷え性とも椎間板ヘルニアとも縁がなかったことだろう。同様に、女性が指導的地位に参画するような社会が構成できなければ、妊娠や出産を経験しないまま子宮がんに悩むような例は、ほとんど存在しなかったことになる。

ホモ・サピエンスの短い歴史に残されたのは、何度も何度も消しゴムと修正液で描き換えられた、ぼろぼろになった設計図の山だ。その描き換えられた設計図の未来にはどういう運命が待っているのだろうか。引き続き、描き換えに描き換えを続けながら、私たちは進化を続けていくのだろうか。

実は、私にはそうは思われないのである。というのも、ヒト科は、二本足で立ってからたかが数百万年の時間しか経ていない。にもかかわらず、ヒトは、二次大戦から冷戦にかけて、ボタン一つで種を完全に滅ぼすだけの核兵器を作り出してしまった。一九世紀以降、ヒトは快適な生活や物質的幸福を求めて、地球環境を不可逆的ともいえるほど破壊してきた。自然を汚染し、温暖化やオゾン層破壊といった、とても局所的とは思われないほどの、破壊的な産業活動を継続してきた。

たかが五〇〇万年で、ここまで自分たちが暮らす土台を揺るがせた〝乱暴者〟は、やはりヒト科ただ一群である。何千万年、何億年と生き続ける生物群がいるなかで、人類が短期間に見せた賢いがゆえの愚かさは、このグループが動物としては明らかな失敗作であることを意味しているといえるだろう。

ヒト科全体を批判するのがためらわれるとしても、明らかにホモ・サピエンスは成功したとは思われない。この二足歩行の動物は、どちらかといえば、化け物の類だ。五〇キロの身体に一四〇〇ccの脳をつなげてしまった哀しいモンスターなのである。

設計変更を繰り返して大きな脳を得たまではまだよかったのだが、その脳が結局はヒトを失敗作たらしめる根源だったと私には思われる。もちろん、ヒトが種としていかなる未来を歩むかなどという論は、科学の仕事ではなく、限りなくロマンと文学のものである。しかし、ヒトの未来はどうなるかという問いに対して、遺体解剖で得られた知をもって答えるなら、やはり自分自身を行き詰まった失敗作ととらえなくてはならない。

もちろん、それは、次の設計変更がこれ以上なされないうちに、わが人類が終焉を迎えるという、哀しい未来予測でもある。このストーリーで私たちが重く受け止めるべきことは、身体の設計変更とは、取り返しのつかない失敗作をも生み出すということを、ホモ・サピエンス自身が証明しているということだ。しかし、それを憂えても仕方がない。私が心から愛《め》でておきたいのは、自分たちが失敗作であることに気づくような動物を生み出してしまうほど、身体の設計変更には、無限に近い可能性が秘められているということだ。

終　章　知の宝庫

遺体こそが語る

動物もヒトも、身体の歴史をたどってみると、実に面白い足跡が見えてきた。もともとはナメクジウオのような優れた設計図があったとして、それが大胆にも何度も描き直された挙句、ついには継ぎ接ぎだらけの形として、いまの時代に生きていることがよく分かる。積み重ねられた設計変更は、それ自体、かなり無理をした構造が身体のなかに隠されてきていることを思わせるが、ことそれはヒトに至って表に出てくる。

二足歩行という、ある意味とんでもない移動様式を生み出した私たちヒトは、そのために身体全体にわたって、設計図をたくさん描き換えなくてはならなかった。そうして得た最大の〃目玉〃は、巨大で飛び切り優秀な脳だったといえるだろう。だが、そうして作り上げたヒトの身体は、現代社会がヒトに求める特異な環境、たとえば、頭脳労働や晩婚化、異様な長寿や技術依存社会の発展の中で、悲鳴をあげつつあるというのが本当のところだ。

この本でこうした進化の妙味を味わってくださった読者の皆さんには、もう一度序章の話を思い出してほしい。

たとえば、私たちはいま、アファール猿人のような二本足のパイオニアがかつて存在し、四足歩行の類人猿からヒト科というまったく新しいグループを発展させていったことを知っている。しかし、こうした知識は、一朝一夕に出来上がったものではない。猿人の化石を実際に掘り当てて、それが何百万年も前に類人猿から離脱して、ヒトへの第一歩を歩み始めたという事実を証拠固めしていくのに、学問の世界は何十年もの長い時間を要している。

そうやって築いてきた知の世界で、確固たる証拠として提示されている、私たち人類の芽生えについての定着した理論こそが、アファール猿人なのである。アファール猿人のような、類人猿と人類を繋ぐ猿人が三七〇万年前の東アフリカに存在し、次第にヒトへの進化の道をたどり始めたというのは、いまや、好きな子なら小学生でも知っているかもしれない。しかし、そこまでたどり着くための研究の労力は並大抵のものではない。

ことは、もちろん、猿人だけの話でもない。本書で語られてきたような身体の歴史を解き明かそうと、私たち学者は、執拗なまでに遺体集めと解剖に取り組み、そうした小さな営みの一歩一歩を重ねることで、身体の歴史を確実に読み解いているのである。

動物園とともに

遺体が人と人を繋ぐ場面のひとつに動物園がある。遺体を扱う学者にとって、動物園さんはもっとも大切な仕事場だ。動物園の動物は滅多に死なないのだと思っている来園者がいると聞いて苦笑するが、飼育されている動物の生命には当然限りがある。かわいそうなことではあるが、彼らも次々と死んでいく。動物が遺体となって園の敷地から出て行くときに、人知れず運び出すのも、遺体を科学する私の役割のひとつだ。

そんな動物園の職員さんから、しばしばお尋ねを受ける私である。たとえばこんな感じだ。「オオアリクイが死んだのですが、大きな唾液腺が目立ち、なぜこんな形状になっているのか興味深いのです。どうすればこの形の意味を知ることができるでしょうか」

質問は、死を迎える動物たちの傍らで働く、園の職員さんの切実な問いであり、何かを研究したいという湧き上がる意欲の発露だ。もちろん、高度な解剖学のセンスに根づいた疑問であって、答えを見つけ出すのは容易ではない。

しかも、こういう動物園の人々の疑問に対し、いまの学界は別の問題も抱えている。というのも、今日の大学や研究機関には、こうした問題を自由に楽しく議論していける空気がなくなってしまったという現実があるのだ。不況を理由に無思慮な行革が続けられて以来、あまりにも短期的な業績やテクノロジー開発を政策として求められた大学は、動物学も獣医学も分子生物学も、飼育や死の面倒な現場を遠ざけ、即時に業績を示し、次の予算を回転させることのできる短期的あるいは実利的プロジェクトに専念せざるを得なくなってしまったのだ。

簡単にいえば、学界全体がお金を動かす雑務に翻弄され、アリクイの唾液腺などという、不要不急とされる仕事に打ち込む余裕を失っているのである。結果的には、「貴重な動物が死んだなら、そのDNAを切り取って俺にくれればそれでいい」と、業績争い一辺倒の〝研究者〟が利己主義を振りかざしてしまう時代が訪れてしまった。地味な動物の遺体に至っては、誰も使わないから焼くしかない、というのが、日本の研究の実態だ。すべては、政策的に誘導された悲しい現実でもある。

動物園は、このままでは学問の流れから干上がってしまう。いまの動物学の切実な課題は、アリクイの唾液腺の謎に答えようとする人間を、たとえどんなに非現実的でも、大切に育てていくことである。もちろん、いくら私と動物園が声高に叫んでも、今日、日本の学界の事態が好転するわけではない。それでも、人間の好奇心を懸命に育てていけば、必ず世の中は変わっていくはずだ。

だから、私はこういう質問が舞い込んでも、アイデアを打ち出せる自分を鍛えておくのである。おそらくは動物園の皆さんから見れば、こんな疑問に真顔で取り組む大学の学者は、数えるほどもいなくなってしまったのではないだろうか。私を名指ししながら頼ってくるこうした好奇心に、全力を挙げて応えてあげたいと思う。そのために、普段から自問し続ける。

「遺体を前にした自分を普段から追い詰めておく」

それが、動物園とともに遺体の研究に携わる者の修行であり、義務であり、生き方なのだ。

動物園は科学の主役

オオアリクイの質問を投げかけてくれたのは、神奈川の動物園の熱心な飼育係の方だ。オオアリクイの解剖というのは日本の動物学者が取り組むような題材ではない。その理由は、単に、あの面長の変わり者が、遠い南米の生き物だからというだけではない。そもそも、日

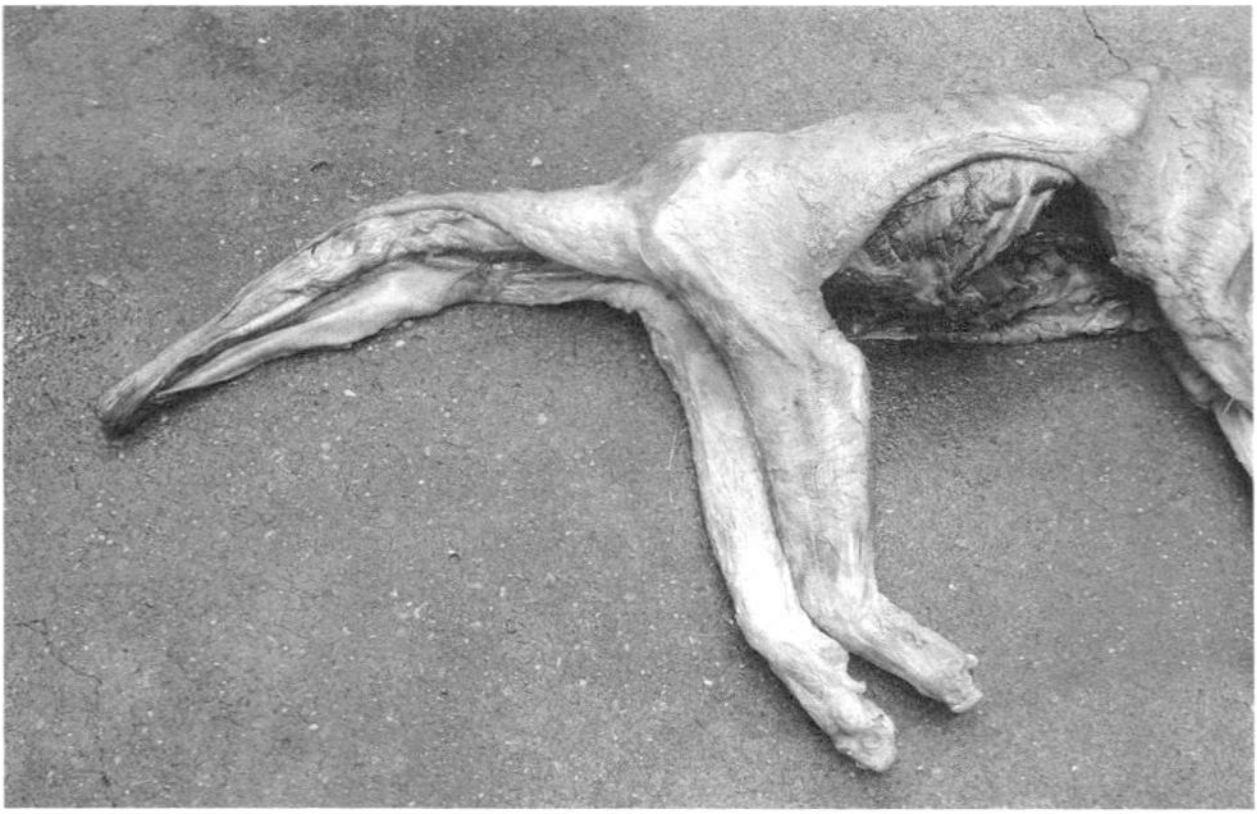

（図50）上野動物園さんのご厚意で、オオアリクイの遺体が国立科学博物館に寄贈されてきた。解剖を開始し、皮を剥きおわった段階である。この種ではこれまでどうしても解剖の機会が得られなかった。いまこそ、私の闘いのときだ。

本には野生動物を解剖するという学問上の蓄積がほとんどなされてこなかったからだ。いまでは金儲けと合理的経営の前に、そんな暢気な仕事は、大学の責務ではないとまでされてしまう。

だが、地球の裏ではこんな動物でも執拗なまでに解剖し、図を残してきた連中がいるのである。私はそんな人々が何十年も前にフランスから出版した精緻な解剖図をコピーして、質問してくれた飼育係さんにお送りした。私にもオオアリクイの解剖の機会はほとんどなく、唯一、二〇〇六年に一度だけその個体と出会い、解剖する機会を得たのみだ（図50）。次にこの動物について何かを尋ねられたときには、もう少し高度なヒントを、ぜひ自分の仕事の結果として動物園さんに示してみたい。できることなら、興味をもつ日本中の動物園の職員さんと、いっしょにピンセットを握る機会をつくりたいものだ。

遺体が出現したときにうろたえることなく研究に邁進する力を、動物園の皆さんとともに普段から育みたい。そのために、もしものときに備えて頭の訓練を重ね、研鑽を積んでおかなければならないだろう。腐り始めた遺体が目の前に現れたときには、もう第一ラウンドのゴングは鳴っている。いざ腐り始めた死体を前に、腕を組んで考え始めても、闘いは後手に回るだけだ。

序章で述べた喩えに戻っておこう。遺体の現場は、いつ起こるかわからない火災の現場と同じだ。消防士を外科医に置き換えても、軍人と読み替えても、同じことだ。消防士が万が一に備えて高層ビルの消火訓練に勤しんでいるとき、私は二トンのサイの蹄を外すにはどうすればいいかという実技訓練を、頭の中で重ねている。外科医が緻密な手術のシミュレーションに神経を集中しているとき、私は世界でもっとも珍しいサル、アイアイが万が一死を迎えるときに備えて解剖図を集めている。陸戦隊が死ぬ思いで塹壕を掘る訓練をしているころ、私は、万が一、五〇頭のシャチが突然座礁したことを念頭に、輸送方法を演習している。

こういうプロの思考の場面を、これからもっと動物園の人たちと分かち合っていきたい。

動物園や博物館を見る社会や行政の目にはどうもひどい勘違いがあるようだ。動物園は、動物を見せて切符を売るだけの装置ではない。人々の科学的好奇心に応えるために、質の高い教育と研究を積み重ねている必要があるのだ。私のような学者は、研究や教育のなかみや理念を、これからももっと動物園と語り合っていかなければならないと考えている。私自身がそういうことのできる大学を創りたい。そして、動物園がそういう学問を進められる組織に育っていってほしいと祈るばかりだ。それはきっと、遺体があって、遺体が人と人とを結び付けている以上、必ずや実現していくことだと信じられる。

遺体が繋ぐ動物園と私

さて、実際に動物園でキリンが死んだとしよう（図51）。ここで、自分の好きな研究ができると喜び勇んで「そのキリンの死体を、材料として私にください」と、動物園に訴えるようでは、現場ではまだ半人前以下だ。

もしかしたら、そのキリンは二〇年も園で飼われてきたものかもしれない。個体の誕生に立ち会った職員さんが、そのまま長く心をこめて飼い続けた、愛すべき伴侶である可能性もある。飼育者が誰であれ、苦楽をともにした動物が黄泉に旅立つ日に、そこに遺体を受け取りにクレーンをもって現れる私は、単純に見れば、お通夜の晩に現れる葬儀場泥棒の構図にもなり得よう。ましてや動物園は、多くの場合、行政機関としての責任を果たさなければならない。もちろん、役所っぽさというのをできるだけ減らしてはいきたいが、客観的に見て、日本の自治体の多くの動物園が、伝統的に役所機構の一部であるという悲しい現実は考慮しなければならない。受け取る研究者の側は、公務員であれ流行りの法人職員であれ、それなりに自由に生きられる性格づけはあるのだが、多くの動物園には、いまだその土壌は育っていないのだ。

（図51）キリンの遺体と私。これは東京都多摩動物公園から頂いてきたときのこと。遺体研究でごく普通に生じる、始まりの光景である。国立科学博物館の骨格処理施設にて。

そして、もっとも大事なことだが、遺体はもちろん動物園の大事な財産であって、私はそれを頂きにいく人間に過ぎない。つまり、もともと動物園のものであった遺体が、どこかの時間帯に、私が自由にふれることのできるものに変わるということである。動物が死んでからしばらくの間、それは自分のものでないのだから、安易に手をふれるべきものではない。

私はどんなときも、

「遠藤さん、どうぞ。この死体、差し上げます。自由に使ってください」

という一言が動物園の職員さんから聞かれないうちは、何があっても遺体に手を出すことはない。遺体を切る道具の刃物をかばんに入れてしっかりと閉じて鍵をかけ、掌を後ろ手に組んででも、何も要望しないのが、私たちのやり方だ。それが、遺体を解剖する科学が長く育んできた、動物園さんとの正しい付き合いである。それが、園の職員さんたちを最大限に尊重する、この学問の進め方なのだ。

確かに、私たちのプロとしての姿を見て、次第に動物園が遺体研究に関心をもち、現場の仕事も円滑に進むようになっていくことも多い。そうした進歩が、私たちの喜びにもつながってきた。しかし、少なくとも最初は、こちらが消防署員に負けないだけの闘争心をもっていることを内に秘め、ただ待つだけの時間も作るべきである。

もちろん、ひとたび、

「遠藤さん、どうぞ……」

と話していただければ、私たちは、与えられたチャンスに命を懸ける。生きた動物を飼い、親切に譲ってくださる動物園に負けないだけの、プロフェッショナリティを見せなければならない。あとは、この遺体を科学の世界でもう一度〝生かす〟だけの仕事を、完遂してみせようではないか。

ここまで来て初めて、私は遺体の皮に指を添え、研いだ刃を刺し入れる。

「遺体を前にした自分を普段から追い詰めておく」

そうやって鍛え上げた頭脳でもって、元の持ち主に科学の答えを返すのが、遺体を受け取るものの生き様である。遺体を集めるとは、遺体を研究するとは、そういうことなのだ。ただ材料として遺体を切り取りたいと主張して動物園に現れるのは、自身の研究しか見えていないエゴイストの無知蒙昧の姿というべきだろう。遺体研究には、遺体を軸にして営まれているいくつもの社会や、何人もの人間たちと語り合い、彼らと「ともに生きる」ことが必要なのである（遠藤秀紀「動物園の遺体から最大の学術成果を」、遠藤秀紀・山際大志郎「解剖学、パンダの親指を語る」）。

熱意あふれる動物園

私は大学に移る前に、博物館の職員として一二年間働いていた経緯をもつ。当時から、そして大学に移ってからもたびたび、遺体の現場に現れては、何度も大切な宝物を運ばせていただいた。少なくともその回数分は、動物園さんに迷惑をかけていると思う。東京都をはじめ、横浜市や川崎市や千葉市や京都市の動物園の皆さん、神戸市の王子動物園さんや大阪市の天王寺動物園さん、名古屋市の東山動物園さんなどには、頭が上がらない。

そして、私自身が、こうした動物園の職員さんたちが根っからサイエンスを愛してくれることに、何より勇気づけられてきた。

「動物が死んだら、いったい私たちは遺体をどうしておくのが、研究にとってよいのでしょうか」

面食らうのはこちらの方だ。

「いや、私は解剖学の人間として、遺体を所望するような欲求はほどほどにしています。解剖学者は、もともと、その場にある遺体を使っていい仕事をしなければ、一人前とはいえません。あまり親切にすると、いまは研究者にも自分のことしか考えない〝ハイエナたち〟が多いから、材料だけ持っていかれますよ」

といって笑う。

だが、それぞれの動物の遺体には、実際にまだいくらでも謎が残っている。動物園の人々の手で遺体研究ができる道を開くのも、私の仕事だろう。材料が欲しいだけの利己主義者とはもはや誤解されないだろうから、職員さんの前でいくつかのアイデアを語ることができる。これこそ、遺体が、私と動物園の人々を結びつけ、ついにはともに文化を育もうとする絶好の機会だ。これは、研究業績と説明責任しか求めないいま流の研究プロジェクトの結末をはるかに超えて、純粋な好奇心をもって学者となった私たちの、研究における小さな夢の芽生えかもしれない。

「チーターはもう一度、指の関節を観察したいですね。あの加速を実現するには、ほかのネコ科の骨では難しいのです。チーターには並外れて優れた筋肉の配置があって、それで、指を動かして地面を蹴っています。ほんの二〇〇メートルでも、直線に換算したら時速九〇キロくらいには達してしまいます。あの加速を実現する鍵を、筋肉の能力を確実に地面に伝える指の運動が握っているはずです。指から再アタックですかね」

「バイソンの遺体なら骨盤の周囲にメスを入れて勝負したいですね。大きな雄なら体重はざっと一トン。いま生きているウシでは最大級ですから。それでいて、時速三〇キロ以上を維持しながらの長距離走が可能です。バイソンにそれができるのは彼らの骨盤の進化の結果です。あの骨盤は、重い体重を支えることと速く走ることを両立させた、特別な形をしているんです」

「ジャイアントパンダともう一度対面できるなら、消化管の解剖ですかね。絶対にほかのクマ科との違いが、胃や小腸の隅々に見えてくるはずです。連中はもともと肉食獣のクマの仲間なのに、真にタケ喰いだけに特化していますから。あの食性で生きていくには、いままでに見つかっていない機構が、消化器に備わっていると考える方が、推測としては妥当です」

「アザラシ？　それはもう、心臓の筋肉の電子顕微鏡撮影と肉眼解剖からでしょう。一度酸素を取り入れただけで何十分も深い所まで潜り続けて、餌を探す種類がいます。酸素を含む血液を普通どおりに身体に循環させてしまっては、餌を十分に見つけ出せないうちに酸素を使い切ってしまいます。だから彼らの心臓は、潜水している間、止まっているかと思われるほど、ゆっくりとしか拍動しません。なぜそんな風に心臓の動きをコントロールできるかは、一九八〇年代から理解が進んでいません」

「もし、ゾウが死んだら、鼻の肉を一本一本確かめたいですね。あれは鼻というより、よく動く上唇です。あの上唇の繊細な動きをつかさどる筋肉たちを一つ一つ確かめて、その走行を追うには一生かかります。そんな暢気な仕事をしている大学の先生はいませんけれど、コツコツとでも続けていなければ、ゾウの鼻はなぜあれほど器用かという謎を、そのまま先送りするようなものですね」

と延々楽しい議論の時間が生まれてくる。

いくつもの動物園の職員さんが集まる集会などで、動物たちのそんな具体的な死後の話を語る機会が増えてきた。熱心に飼育係さんが聴いてくるのを見ると、動物園の可能性を少しでも高めていく機会だと感じる。動物ごとに遺体に関して考えられるテーマを伝えてくれないかという、こちらの修行の成果を問われるような質問を受けるわけだから、動物園の若い職員さんの意欲のレベルはきわめて高い。

文化を壊す拝金主義

動物園との遺体のやり取りについていま語ったような、チーターの指、アザラシの心臓、オオアリクイの唾液腺、ジャイアントパンダの消化管……。こうした一つ一つの遺体の解剖を積み重ねて、やっと私たちは、身体の歴史という大きなテーマを、証明される真実として動物学の知に残してきているのだ。もちろん、そうした知には、ある日どこかで人知れず死を迎えた、蛆だらけのタヌキの遺体も、立派に貢献してくれていることだろう。こうした仕事は、社会が積み重ねていかなければならない文化であり、私たちの誇るべき知であるといってよいだろう。

しかし、残念なことに、いま動物学の世界では、遺体を集めて知識を増やしていくような、時間のかかる研究はなかなか進められなくなっている。皆さんもお気づきと思うが、たくさんの遺体を集め、身体の歴史を解き明かそうという試みは、新製品を開発したり、大きな商品マーケットを作り出したりするような、スピードの速い実学とはかなり異なるものだ。

学問に直接携わっていない読者の方には実感がないかもしれないが、とくにバブル崩壊以後の日本の学問は、時間もお金もまったく余裕の無いものとなってしまっている。行政改革の中で、学問が社会へ貢献する姿として、国をあげて誘導されてしまったのは、動物やヒトの身体の歴史に数多の遺体から迫るというような、いわばお金にならない純粋な研究ではない。一九九〇年代以降に、日本という国が目指した学問の姿は、すぐにお金を生み、すぐに国際競争力となって対価を生み出すような、科学的好奇心というよりは、現実的な技術開発だったのである。もちろんその背景には、結局、その研究がいくらのお金を動かし、いくつの特許を獲得し、投じた税金に対してどれほど物質的に国を富ませたかという、実に浅薄な

〝評価〟が伴い、いつの間にか、そうした物差しを志向しない研究テーマも研究者も、世の隅っこに追いやられるようになってしまっている。

「文化よりも金」

政治家も財界人も、そして普通の若者までが拝金の波に同意してしまう、今日のことだ。「文化としての動物学、社会の知を支えるための遺体」といっても、実際には逆風が吹き続ける。

遺体科学事始め

そこで、私は、新しい知の巻き返しのために、とりあえず、小さな一歩を踏み出すことにした。それは、「献体」という仕組みだ（図52）。もちろん、昔からある人間の医学のものではなくて、動物の遺体のことだ。社会的文脈で、動物の死体を、献体と呼ぶ仕組みを使ってまで、科学のために利用できるようにしたいと、思わずにはいられなくなったのだ。

勘違いしないでほしいが、もちろん、私は動物の死せる身体に対して、人間のそれに対するのと同等の尊厳を見出し、愛情の極みを動物たちに向けよと主張する、極端な動物愛護思想の持ち主ではない。動物の身体に献体という仕組みが必要だと信じられる最大の理由は、学問の世界が利己主義・合理主義に誘導され、行政や政治を含む社会全体が、科学の世界を〝評価〟や〝競争〟と称する、文化を破壊する道に追い込んでしまったからだ。

いまの時代に、〝評価〟や〝競争〟なるものは、真に意義深い評価や競争とはまったく異なり、短期間に動かしたお金や特許の量や、発見を発表する場の格付けに依存して、上から設定されるものになってしまった。それは、お隣韓国のヒトES細胞騒ぎで見られたように、平気で嘘をつくような人間を生み出すような、誤った治世だと私には信じられる。科学者の心を壊し、大学を荒ませている責任は、科学者自身よりはるかに以前に、〝競争〟をあおってばかりの、今日の為政者の本質に根付いているものだ。

「動物の遺体とその周囲に生きる人間を、短絡的な物差しから守ってあげたい」

それが私の祈りだ。なぜなら、遺体は、時の力や金儲けの道具であってはならないからだ。遺体が、嘘の〝評価〟や偽りの〝競争〟の力で、棄てられていくことを許したくないからだ。

この本で私が盛んに語ったように、身体の歴史を解き明かすには、ざっと五億年という時間と向き合わなければならない。その試みを確実に進めていくには、たくさんの遺体を集め、日夜メスとピンセットを振るわなくてはならないのである。それで特許技術が開発できると嘘の自己防衛を繕うのは容易だけれども、それを繰り返していても、日本という国や日本人

動物の献体
を受け入れています
――どんな遺体でも科学の世界に導くのが私たちの使命です――
私たちはどんな動物遺体（死体）でも喜んでお引取りします。動物の遺体を研究の場で活かし、できるだけ大きな研究成果として社会に残していくために全力を傾けます。
ごく普通の種類の動物であれ珍しい種類であれ、成獣であれ幼体であれ、死んで間もないものであれ腐っているものであれ、どんな条件の遺体でも収集し、そこかから興味深い研究を進めるのが、私たちがお願いする「献体」の姿勢です。遺体の種類を限定したり、遺体の状態を指定したり、限られた研究目的や特定の研究プロジェクトのためだけに、遺体を収集することはけっしてありません。
そして、いただいた遺体を未来へ向けて収蔵し、自由な学術研究・教育のためにいつまでも活かしていくのが、私たちの仕事です。
◀シロサイの遺体をクレーンで搬出しています。

（図 52）動物遺体の献体を呼びかける案内。遺体科学研究会という任意集団を構成して、遺体を文化のために譲っていただこうと理解を呼びかけている。

が文化として学問を育てようという機運は一向に盛り上がらないだろう。

実際、これまでわが国にはたくさんの博物館ができている。ところが、不幸にも、それが文化の中心地として尊重された形跡はほとんどない（遠藤秀紀「日本の生物学の光と陰」、「大学博物館はMuseumになり得るか」、「博物館の飢餓」、「自然誌博物館の未来」、「いまなぜ、アニマルサイエンスか？」、『パンダの死体はよみがえる』、『解剖男』、遠藤秀紀・林良博「博物館を背負う力」）。歴史を振り返れば、わずかに集めた標本は関東大震災で焼失し、博物館の再興に力が投じられた様子は見られない。太平洋戦争末期には日本軍が上野公園の博物館を接収、重要な標本の多くを日本人自身の手で破壊したという悲しい史実が残されている。戦後作られていく数多の博物館は、文化の担い手というよりは、観光誘客を目的とした公共事業の産物であることが一般的だ。

そんな国だからこそ、いま私たちがするべきことは、遺体と社会との関係を模索し、遺体を文化のために研究し、最後には恒久的に保存していく道を確立していくことではないか。

私はそういった息の長い遺体研究を、「遺体科学」と名づけることにしている（遠藤秀紀「遺体科学のストラテジー」、『解剖男』、『遺体科学論』）。遺体科学は、遺体を研究し、それを未来に残す営みの、全体を指した言葉だ。単に研究成果を上げていくということだけでなく、身体の歴史を明らかにするための知の源泉として、遺体をどう人間社会に位置づけていくかと問う社会活動の全体系こそ、「遺体科学」だ。

市民と文化の未来

遺体科学が実を結ぶために、学者から見てもっとも近いところにある課題は、動物園、博物館、大学、研究機関が、互いが社会に対して何を残せるかという価値観で、手を携えることだ。

私は、遺体科学の闘いの小さな場面で、微力ではあるが、学者の集合体から声を残すことにした。動物園と博物館を学問と文化の源泉と捉える立場から、日本学術会議において主張をまとめてみた。結果は、志を同じくする何人かの朋友との共作であるが、博物館に関する二冊の報告書として、誰もが読めるように公表している（日本学術会議ホームページ：http://www.scj.go.jp/ja/info/kohyo/data_19_2.html）。こうした声をさらに強いムーブメントに立ち上げていくには、まだ何倍もの努力が必要なのだが。

これらの文章にも議論されていることだが、日本の動物園や博物館は、いまでもあまりにも貧しい。遺体を文化的に扱えない国であることは、動物園や博物館が、学問を牽引するリーダーとして、社会からは認知されていないことを意味している。その責任を動物園や博物館に帰するものとして逃げることは、生物学のプロにとって許されないことだ。

さらにいえば、このことは、科学のプロにとってだけの話ではない。読者の皆さんが参加する市民社会も、動物園や博物館が文化のために発展していくように、それを守り抜かなければならない。近年話題となる、動物園や博物館の指定管理者制度、市場化テスト、第三セクター化、民営化、そして廃止といった、社会教育の乱暴な改廃を許すも許さないも、市民の文化的成熟度が決めることでもある。

往々にして動物園・博物館が普通の市民に語られるとき、多くの人々がそれらの社会教育の場に対して、いまだに利用者としての利便性という尺度しか持ち合わせていないようで、残念に思われる。実際、教育機関である動物園や博物館を、遊園地のごとき遊興施設や、市営バスのごとき公共サービスだとしか思っていない人々も少なくない。

動物園も博物館も、経済活動として成り立つ遊び場や、金銭の対価に安楽を届けるサービス業とはまったく異なるものだ。動物園や博物館は、市民一人ひとりが成熟に責任をもつべき、文化の源泉なのである。いま市民が声を上げるべきターゲットは、たとえば、社会教育を安易に行政改革の対象に差し出してしまう、政治や行政のあり方である。動物園や博物館が教育機関であって、文化の将来を担っている以上、市民がそれらに対してもつべき姿勢は、選挙時の一票と同じ重みをもつ。政治家に託すべきは、サービスや利益誘導の範疇ではないはずだ。同様に動物園に求めるものは、サービスや安楽だけであってはならない。世の中のあらゆる営みが金銭で評価できるかのように、動物園や博物館の意義を遊興サービスとしての成功度でしか測ることができないのなら、そこで行われる営みはすでに社会教育でもなければ行政改革でもない。もちろん文化でもない。そんなものは、サルにでもできる、ただの〝生存行為〟の類のものだ。文化の発展とは、血を吐いてでも社会が獲得していかなければならない、明日に向けて課せられた私たちの責任である。そのことを忘れて、社会教育を、文化の行く末を安直に議論してはならないのである。

遺体の現場とともに生き、日々集められる遺体から新しい発見を繰り返し、遺体を未来まで引き継ぐ。こうした私たちの営みの中心にはいつも動物園や博物館がある。そしてそこから生まれてきた一つの知の体系が、この本の中心をなしてきた、身体の歴史にまつわるいくつもの話だ。

もうお気づきだろう。

遺体科学は、市民社会全体が創っていく動物園や博物館と切っても切れない関係にある。

読者のあなたが、動物の遺体を知の源泉として理解するかどうか、動物園や博物館を未来の科学の中心であると認識するかどうかで、遺体科学の発展の成否は決まってくるのである。そして、読者のあなたが何気なく抱えて生きる、あなた自身の身体の歴史に、新しい理解をもたらすものは、そんな遺体科学の頑張りなのだ。

あとがき

中学校や高等学校で推薦される、科学者の手による啓蒙書というものがある。推薦される場が、知識も思考も薄っぺらになってしまった不幸な理科の教室であれ、その理科の学習指導要領から逃れることのできる幸せな国語の時間であれ、私はこの類の本がとても苦手だ。もともと学校や教師や文部行政が物を考えずに本を子供に勧めるとしたら、世間の評価をそのまま鵜呑みにするのが、いちばん手を抜けるやり方だろう。そうして選ばれていく書物は、たとえロングセラーであっても、信用しないほうがいい。なぜなら、それは、品行方正な理想的事実の説明書や、面白おかしい書き手の調子に乗せられていくパンフレットの域を、けっして脱していないからだ。

闘う学者の姿。私はそれを多くの人に見てもらいたいと念じて、筆を執った。「遺体科学」のような地味な学問が、のたうち回り、呻吟する様を、そのまま凝視してほしいのだ。そこには、生みの苦しみを克服しながら、ヒトや動物の身体の謎を解き明かしていく、学者たちの飽くなき熱狂が、必ずや燃え上がっている。人間社会が日々当然のように享受している身体についての知は、けっしてスマートとはいえない遺体と学者たちの混沌が築いてきたものだ。読み手は中学生でも、サラリーマンでも、専業主婦でも、悠々自適のご老人でも構わない。サイエンスとは、つねに現実と闘って勝ち取らなければならないものだという事実を、普通の人々に普通に知ってもらいたいのだ。

謎を解き、自分の手で真理を究めようとする学者の生き様が、ドラマに登場する科学者のスマートさや、国家的競争力と融合した富めるテクノロジーの優雅さとは、本質からして無関係であることが、この本を通じて多くの読者に伝われば、これほど幸福なことはない。少なくともその事実が、科学を語るうえで根幹に据えられていないことには、極東の島国の文化は、拝金主義の前に雲散霧消してしまう。それを防ぎ、科学を未来の人類の知として育てるためには、私たち学者が闘う責任を果たすと同時に、普段は学問の外に居るかもしれない読者の皆さんの、科学への理解を必要としているのである。

そして、私の場合、その中心には、遺体があってほしいのだ。いつまでも、遠い未来までも。

本のために多忙の中いくつもの絵を描いてくださった、国立科学博物館の渡辺芳美さんに感謝したい。いつもその美しくまた客観的な描写に、文字の方は頼るばかりだ。遺体を通じてともに明日を開こうとする動物園の方々や猟師さんたちに、心から感謝したい。神戸市立王子動物園の浜夏樹さん、大阪市天王寺動物園の竹田正人さん、高見一利さん、名古屋市東山動物園の橋川央さん、内藤仁美さん、そのほか動物園で頑張る皆さんに励まされ、初めて私の仕事は進めることができている。この道に誘ってくださった東京都の動物園の皆さん、よこはま動物園ズーラシアと横浜市の研究所の皆さん、千葉市動物公園の方々、そのほか多くの人々の日ごろからのご協力に、お礼の気持ちでいっぱいである。変わらず、私の仕事を絶えず電波に乗せてくださっているうえやなぎまさひこさん、桜庭亮平さんほか、東京は有楽町ニッポン放送のスタッフの皆さんとリスナーの方々、そして、なぜか特撮SFや映像表象の話題とともに遺体科学を論じるなかま、加藤まさしさん、喜多村武さん、清水俊文さん、小川健司さん、前田誠司さん、川田伸一郎さん、山岸元さん、桜井香奈さん、小郷智子さんからは、嬉しいことに遺体研究へ向けるエネルギーを頂戴するばかりだ。心から感謝したい。最後に、光文社新書編集部の小松現さんには、職場の異動のために私がすぐ筆を執ることができなかったにもかかわらず、丹念に下手な言葉遣いにお付き合いくださった。心からお礼を申し上げよう。

＊

自宅では長女の聡子が、あと少しで一歳半を迎えようとしている。彼女にとっての意思表示は、泣くことがほとんど唯一の術だ。時間も場所も構うことなく大泣きを繰り返す聡子を前に、妻もときどきくたびれた顔を見せる。でも、結局は私と妻を真に元気づけるのは、天地がひっくり返るような、彼女の泣き声だ。

今晩もまた大泣きが始まった。

時計の針は二時四〇分を指している。少しすると、半べそをかく聡子が、妻の背にあやされながら、書斎へ遊びにやってくるに違いない。そう、いつのまにか、こうして深夜に二人の顔を見て、筆に強い力をもらっている自分だ。ありがとう。ありがとう。また、そうやって励ましてほしい。次の本の枡紙と対面するときは、泣き声ばかりでなく、何か言葉をかけてくれる聡子なのかと想像しつつ……。

二〇〇六年三月

遠藤秀紀

49：49-51. 1997年
遠藤秀紀「比較解剖学は今」『生物科学』44：52-54. 1992年
Ganong, W. F. Review of Medical Physiology. Lange Medical Books／McGraw-Hill, New York. 2005.
Johanson, D. C. and T. D. White. A systematic assessment of early African hominids. Science 203: 321-330. 1979.
片山一道（監訳）（Facchini, F. 著）『人類の起源』同朋舎出版、1993年
NHK取材班「NHKサイエンススペシャル　生命　40億年はるかな旅　5」日本放送出版協会、1995年
Schultz, A. H. Relations between the lengths of the main parts of the foot skeleton in primates. Folia Primatologica 1: 150-171. 1963.
津田恒之『家畜生理学』養賢堂、1982年

【参考文献】

遠藤秀紀『解剖男』講談社（講談社現代新書）、2006年
遠藤秀紀『遺体科学論』（近刊）東京大学出版会、2006年
遠藤秀紀『パンダの死体はよみがえる』筑摩書房（ちくま新書）、2005年
遠藤秀紀「動物園の遺体から最大の学術成果を」『哺乳類科学』43：57-58. 2003年
遠藤秀紀『哺乳類の進化』東京大学出版会、2002年
遠藤秀紀「遺体科学のストラテジー」『日本野生動物医学会誌』7：17-22. 2002年
遠藤秀紀「いまなぜ、アニマルサイエンスか？　農学がもつべきZoologyの未来像」『UP』349：24-29. 2001年
遠藤秀紀『ウシの動物学』東京大学出版会、2001年
遠藤秀紀・山際大志郎「解剖学、パンダの親指を語る」『科学』70：732-739. 2000年
遠藤秀紀・林良博「博物館を背負う力」『生物科学』52（2）：99-106. 2000年
遠藤秀紀「自然誌博物館の未来」『UP』324：20-24. 1999年
遠藤秀紀「博物館の飢餓」（『野生動物の保護をめざす「もぐらサミット」報告書』pp. 57-68. 比婆科学教育振興会、庄原）、1998年
遠藤秀紀「日本の生物学の光と陰」（『学問のアルケオロジー』pp. 490-495. 東京大学編）、1997年
遠藤秀紀「大学博物館はMuseumになり得るか」『生物科学』

遠藤秀紀（えんどうひでき）
1965年生まれ。東京大学農学部卒業。国立科学博物館動物研究部研究官、京都大学霊長類研究所教授を経て、現在、東京大学総合研究博物館教授。動物の遺体に隠された進化の謎を追い、遺体を文化の礎として保存するべく「遺体科学」を提唱、パンダの掌やイルカの呼吸器などで発見を重ねている。著書に『ウシの動物学』『哺乳類の進化』（以上、東京大学出版会）、『パンダの死体はよみがえる』（ちくま文庫）、『ニワトリ 愛を独り占めにした鳥』（光文社新書）、『見つけるぞ、動物の体の秘密』（くもん出版）などがある。

人体《じんたい》 失敗《しっぱい》の進化史《しんかし》

2006年6月20日初版1刷発行
2022年2月20日　10刷発行

著　者 —— 遠藤秀紀
発行者 —— 田邉浩司
装　幀 —— アラン・チャン
印刷所 —— 堀内印刷
製本所 —— ナショナル製本
発行所 —— 株式会社光文社
東京都文京区音羽1-16-6（〒112-8011）
https://www.kobunsha.com/
電　話 —— 編集部03(5395)8289 書籍販売部03(5395)8116
業務部03(5395)8125
メール —— sinsyo@kobunsha.com

 ISBN 978-4-334-03358-3

240
踊るマハーバーラタ
愚かで愛しい物語
山際素男

恋あり愛あり性あり欲あり善あり悪あり涙あり笑いあり——。〝ここにあるもの総ては何処にもあり、ここに無いものは何処にもない〟。『世界最大の叙事詩』エッセンス八話を収録。

241
99・9%は仮説
思いこみで判断しないための考え方
竹内薫

飛行機はなぜ飛ぶのか？　科学では説明できない——科学的に一〇〇％解明されていると思われていることも、実はぜんぶ仮説にすぎなかった！　世界の見え方が変わる科学入門。

242
漢文の素養
誰が日本文化をつくったのか？
加藤徹

かつて漢文は政治・外交にも利用された日本人の教養の大動脈だった。古代からの日本をその「漢文」からひもとき、この国のかたちがどのように築かれてきたのかを明らかにする。

243
「あたりまえ」を疑う社会学
質的調査のセンス
好井裕明

社会学における質的調査、特に質的なフィールドワークに不可欠なセンスについて、著者自らの体験や、優れた作品を参照しつつ解説。数字では語れない現実を読み解く方法とは？

244
チョムスキー入門
生成文法の謎を解く
町田健

近年、アメリカ批判など政治的発言で知られるチョムスキーのもう一つの顔、それは言語学に革命をもたらした生成文法の提唱者としての顔である。彼の難解な理論を明快に解説。

245
指導力
清宮克幸・春口廣　対論
松瀬学

大学ラグビー界の名将二人が、自身の経験とノウハウをもとに、「指導力」の肝について語り合う。ラグビーファンだけでなく、すべての指導者、部下を持つビジネスマン必読！

246
馬を走らせる
小島太

かつては記録よりも記憶に残る名騎手として、いまは多くのスタッフと管理馬を抱える信頼の厚い名調教師として、数々の大レースを制した著者が語る、本物の競馬論。